科学技术哲学文库 | 丛书主编·郭贵春 殷 杰

分子生物学中核心概念的语义分析

◎ 杨维恒 著

科学出版社

北京

图书在版编目（CIP）数据

分子生物学中核心概念的语义分析 / 杨维恒著. —北京：科学出版社，2017.7
（科学技术哲学文库）
ISBN 978-7-03-053317-3

I. ①分… II. ①杨… III. ①分子生物学-科学哲学 IV. ①Q7-02

中国版本图书馆 CIP 数据核字（2017）第 128935 号

丛书策划：侯俊琳　邹　聪
责任编辑：邹　聪　张翠霞 / 责任校对：何艳萍
责任印制：李　彤 / 封面设计：有道文化
编辑部电话：010-64035853
E-mail: houjunlin@mail.sciencep.com

科学出版社 出版
北京东黄城根北街 16 号
邮政编码：100717
http://www.sciencep.com
北京凌奇印刷有限责任公司 印刷
科学出版社发行　各地新华书店经销
*
2017 年 7 月第 一 版　开本：720×1000　B5
2023 年 6 月第四次印刷　印张：15 3/4
字数：224 000
定价：78.00 元
（如有印装质量问题，我社负责调换）

科学技术哲学文库
编 委 会

主 编 郭贵春　殷 杰

编 委 （按姓氏拼音排序）

陈　凡　费多益　高　策　桂起权
韩东晖　江　怡　李　红　李　侠
刘大椿　刘晓力　乔瑞金　任定成
孙　岩　魏屹东　吴　彤　肖显静
薛勇民　尤　洋　张培富　赵　斌
赵万里

总　序

认识、理解和分析当代科学哲学的现状，是我们抓住当代科学哲学面临的主要矛盾和关键问题、推进它在可能发展趋势上取得进步的重大课题，有必要对其进行深入研究并澄清。

对当代科学哲学的现状的理解，仁者见仁，智者见智。明尼苏达科学哲学研究中心在 2000 年出版的 *Minnesota Studies in the Philosophy of Science* 中明确指出："科学哲学不是当代学术界的领导领域，甚至不是一个在成长的领域。在整体的文化范围内，科学哲学现时甚至不是最宽广地反映科学的令人尊敬的领域。其他科学研究的分支，诸如科学社会学、科学社会史及科学文化的研究等，成了作为人类实践的科学研究中更为有意义的问题、更为广泛地被人们阅读和争论的对象。那么，也许这导源于那种不景气的前景，即某些科学哲学家正在向外探求新的论题、方法、工具和技巧，并且探求那些在哲学中关爱科学的历史人物。"[1] 从这里，我们可以感觉到科学哲学在某种程度上或某种视角上地位的衰落。而且关键的是，科学哲学家们无论是研究历史人物，还是探求现实的科学哲学的出路，都被看作一种不景气的、无奈的表现。尽管这是一种极端的看法。

那么，为什么会造成这种现象呢？主要的原因就在于，科学哲学在近 30 年的发展中，失去了能够影响自己同时也能够影响相关研究领域发展的研究范式。因为，一个学科一旦缺少了

---

[1] Hardcastle G L, Richardson A W. Logical empiricism in North America//Minnesota Studies in the Philosophy of Science. Vol XVIII. Minneapolis：University of Minnesota Press，2000：6.

范式，就缺少了纲领，而没有了范式和纲领，当然也就失去了凝聚自身学科，同时能够带动相关学科发展的能力，所以它的示范作用和地位就必然要降低。因而，努力地构建一种新的范式去发展科学哲学，在这个范式的基底上去重建科学哲学的大厦，去总结历史和重塑它的未来，就是相当重要的了。

换句话说，当今科学哲学在总体上处于一种"非突破"的时期，即没有重大的突破性的理论出现。目前，我们看到最多的是，欧洲大陆哲学与大西洋哲学之间的渗透与融合，自然科学哲学与社会科学哲学之间的借鉴与交融，常规科学的进展与一般哲学解释之间的碰撞与分析。这是科学哲学发展过程中历史地、必然地要出现的一种现象，其原因在于五个方面。第一，自 20 世纪的后历史主义出现以来，科学哲学在元理论的研究方面没有重大的突破，缺乏创造性的新视角和新方法。第二，对自然科学哲学问题的研究越来越困难，无论是拥有什么样知识背景的科学哲学家，对新的科学发现和科学理论的解释都存在着把握本质的困难，它所要求的背景训练和知识储备都愈加严苛。第三，纯分析哲学的研究方法确实有它局限的一面，需要从不同的研究领域中汲取和借鉴更多的方法论的经验，但同时也存在着对分析哲学研究方法忽略的一面，轻视了它所具有的本质的内在功能，需要在新的层面上将分析哲学研究方法发扬光大。第四，试图从知识论的角度综合各种流派、各种传统去进行科学哲学的研究，或许是一个有意义的发展趋势，在某种程度上可以避免任何一种单纯思维趋势的片面性，但是这确是一条极易走向"泛文化主义"的路子，从而易于将科学哲学引向歧途。第五，科学哲学研究范式的淡化及研究纲领的游移，导致了科学哲学主题的边缘化倾向，更为重要的是，人们试图用从各种视角对科学哲学的解读来取代科学哲学自身的研究，或者说把这种解读误认为是对科学哲学的主题研究，从而造成了对科学哲学主题的消解。

然而，无论科学哲学如何发展，它的科学方法论的内核不能变。这就是：第一，科学理性不能被消解，科学哲学应永远高举科学理性的旗帜；第二，自然科学的哲学问题不能被消解，它从来就是科学哲学赖以存在的基础；第三，语言哲学的分析方法及其语境论的基础不能被消解，因为它是统一科学哲学各种流派及其传统方法论的基底；第四，科学的主题不能被消解，不能用社会的、知识论的、心理的东西取代科学的提问方式，否则科学哲学就失去了它自身存在的前提。

在这里，我们必须强调指出的是，不弘扬科学理性就不叫"科学哲学"，既然是"科学哲学"就必须弘扬科学理性。当然，这并不排斥理性与非理性、形式与非形式、规范与非规范研究方法之间的相互渗透、融合和统一。我们所要避免的只是"泛文化主义"的暗流，而且无论是相对的还是绝对的"泛文化主义"，都不可能指向科学哲学的"正途"。这就是说，科学哲学的发展不是要不要科学理性的问题，而是如何弘扬科学理性的问题，以什么样的方式加以弘扬的问题。中国当下人文主义的盛行与泛扬，并不是证明科学理性不重要，而是在科学发展的水平上，社会发展的现实矛盾激发了人们更期望从现实的矛盾中，通过对人文主义的解读，去探求新的解释。但反过来讲，越是如此，科学理性的核心价值地位就越显得重要。人文主义的发展，如果没有科学理性作为基础，就会走向它关怀的反面。这种教训在中国社会发展中是很多的，比如有人在批评马寅初的人口论时，曾以"人是第一可宝贵的"为理由。在这个问题上，人本主义肯定是没错的，但缺乏科学理性的人本主义，就必然走向它的反面。在这里，我们需要明确的是，科学理性与人文理性是统一的、一致的，是人类认识世界的两个不同的视角，并不存在矛盾。从某种意义上讲，正是人文理性拓展和延伸了科学理性的边界。但是人文理性不等同于人文主义，正像科学理性不等同于科学主义一样。坚持科学理性反对科学主义，坚持人文理性反对人文主义，应当是当代科学哲学所要坚守的目标。

我们还需要特别注意的是，当前存在的某种科学哲学研究的多元论与20世纪后半叶历史主义的多元论有着根本的区别。历史主义是站在科学理性的立场上，去诉求科学理论进步纲领的多元性，而现今的多元论，是站在文化分析的立场上，去诉求对科学发展的文化解释。这种解释虽然在一定层面上扩张了科学哲学研究的视角和范围，但它却存在着文化主义的倾向，存在着消解科学理性的倾向。在这里，我们千万不要把科学哲学与技术哲学混为一谈。这二者之间有重要的区别。因为技术哲学自身本质地赋有更多的文化特质，这些文化特质决定了它不是以单纯科学理性的要求为基底的。

在世纪之交的后历史主义的环境中，人们在不断地反思20世纪科学哲学的历史和历程。一方面，人们重新解读过去的各种流派和观点，以适应现实的要求；另一方面，试图通过这种重新解读，找出今后科学哲学发展的新的进路，尤其是科学哲学研究的方法论的走向。有的科学哲学家在反思20世纪的逻辑哲学、数学哲学及科学哲学的发展，即"广义科学哲学"的发展中提出了五个"引导性难题"（leading problems）。

第一，什么是逻辑的本质和逻辑真理的本质？

第二，什么是数学的本质？这包括：什么是数学命题的本质、数学猜想的本质和数学证明的本质？

第三，什么是形式体系的本质？什么是形式体系与希尔伯特称之为"理解活动"（the activity of understanding）的东西之间的关联？

第四，什么是语言的本质？这包括：什么是意义、指称和真理的本质？

第五，什么是理解的本质？这包括：什么是感觉、心理状态及心理过程的本质？[①]

这五个"引导性难题"概括了整个20世纪科学哲学探索所要求解的对象及21世纪自然要面对的问题，有着十分重要的意义。从另一个更具体的角度来讲，在20世纪科学哲学的发展中，理论模型与实验测量、模型解释与案例说明、科学证明与语言分析等，它们结合在一起作为科学方法论的整体，或者说整体性的科学方法论，整体地推动了科学哲学的发展。所以，从广义的科学哲学来讲，在20世纪的科学哲学发展中，逻辑哲学、数学哲学、语言哲学与科学哲学是联结在一起的。同样，在21世纪的科学哲学进程中，这几个方面也必然会内在地联结在一起，只是各自的研究层面和角

[①] Shauker S G. Philosophy of Science, Logic and Mathematics in 20th Century. London: Routledge, 1996: 7.

度会不同而已。所以，逻辑的方法、数学的方法、语言学的方法都是整个科学哲学研究方法中不可或缺的部分，它们在求解科学哲学的难题中是统一的和一致的。这种统一和一致恰恰是科学理性的统一和一致。必须看到，认知科学的发展正是对这种科学理性的一致性的捍卫，而不是相反。我们可以这样讲，20世纪对这些问题的认识、理解和探索，是一个从自然到必然的过程；它们之间的融合与相互渗透是一个从不自觉到自觉的过程。而21世纪，则是一个"自主"的过程，一个统一的动力学的发展过程。

那么，通过对20世纪科学哲学的发展历程的反思，当代科学哲学面向21世纪的发展，近期的主要目标是什么？最大的"引导性难题"又是什么？

第一，重铸科学哲学发展的新的逻辑起点。这个起点要超越逻辑经验主义、历史主义、后历史主义的范式。我们可以肯定地说，一个没有明确逻辑起点的学科肯定是不完备的。

第二，构建科学实在论与反实在论各个流派之间相互对话、交流、渗透与融合的新平台。在这个平台上，彼此可以真正地相互交流和共同促进，从而使它成为科学哲学生长的舞台。

第三，探索各种科学方法论相互借鉴、相互补充、相互交叉的新基底。在这个基底上，获得科学哲学方法论的有效统一，从而锻造出富有生命力的创新理论与发展方向。

第四，坚持科学理性的本质，面对前所未有的消解科学理性的围剿，要持续地弘扬科学理性的精神。这应当是当代科学哲学发展的一个极关键的方面。只有在这个基础上，才能去谈科学理性与非理性的统一，去谈科学哲学与科学社会学、科学知识论、科学史学及科学文化哲学等流派或学科之间的关联。否则，一个被消解了科学理性的科学哲学还有什么资格去谈论与其他学派或学科之间的关联？

总之，这四个从宏观上提出的"引导性难题"既包容了20世纪的五个"引导性难题"，也表明了当代科学哲学的发展特征：一是科学哲学的进步越来越多元化。现在的科学哲学比过去任何时候，都有着更多的立场、观点和方法；二是这些多元的立场、观点和方法又在一个新的层面上展开，愈加本质地相互渗透、吸收与融合。所以，多元化和整体性是当代科学哲学发展中一个问题的两个方面。它将在这两个方面的交错和叠加中寻找自己全新的出路。这就是当代科学哲学拥有强大生命力的根源。正是在这个意义上，经历了语言学转向、解释学转向和修辞学转向这"三大转向"的科学哲学，而今转向语境论的研究就是一种逻辑的必然，是科学哲学研究的必然取向之一。

这些年来，山西大学的科学哲学学科，就是围绕着这四个面向21世纪的"引导性难题"，试图在语境的基底上从科学哲学的元理论、数学哲学、物理哲学、社会科学哲学等各个方面，探索科学哲学发展的路径。我希望我们的研究能对中国科学哲学事业的发展有所贡献！

郭贵春

2007年6月1日

前言

20 世纪中叶，分子生物学革命的发生，使得分子生物学成为继相对论和量子力学革命以后发展最快、成果最多的学科之一，对社会发展及人类思维产生了巨大影响。整个分子生物学的发展，不仅是单纯的实验发现，还伴随着概念的发展与引进。可以说，分子生物学的大多数问题都是需要概念澄清的。同时，几乎所有分子生物学中的生物现象与生物过程都是围绕其核心概念展开的。本书对分子生物学中的四个核心概念，遗传的载体——基因、遗传的机制——中心法则、遗传的信息及遗传密码进行了语义分析，并指出传统生物学哲学中使用的概念分析有其不足之处，语境论的解释基底能够为分子生物学核心概念争议的消解提供一个平台。对分子生物学中核心概念的意义分析不能脱离其概念的语境背景。不同语境下的分子生物学概念由于语境边界的变化其语义的实现发生变化，需要通过语义上升和语义下降的方法实现其在特定语境下的语义值。这样既可以避免传统的生物学哲学对还原论与实证主义的争论，也可以实现对分子生物学理论宏观结构上的探讨。

本书主要包括引论、五章的系统论述及结束语。引论主要介绍了本书的研究目的和意义、国内外研究现状等。

第一章为"分子生物学中的语义分析"。本章从生物学哲学兴起的背景开始，讨论了语义分析方法在生物学哲学中的应用传统，指出了语义分析方法作为一种横断的研究方法，不仅在一般科学哲学，而且在生物学中的应用也具有传统性与坚实的基础。之后，又进一步深入，表明了对分子生物学中核心概念的语义分析的本质应该是一种语境化的语义分析。只有在一个整体的语境结构中，才能实现对一个概念完整的语义分析。同时，这种语境化的语义分析还能够通过语境的因素为各种不同的语义现象建立一个共同的对话平台，从而将理论解释的有效性最大化。最后，本章讨论了语境化的语义分析在分子生物学研究中的功能。

第二章为"基因概念的语义分析"。从历史的角度回顾一个概念的发展，对这一概念的语义澄清具有十分重要的作用。本章首先分三个阶段——古希腊时期、19 世纪 60 年代后颗粒遗传学说提出到 DNA 双螺旋结构发现之间、DNA 双螺旋结构发现之后至今，系统性地梳理了基因概念的语义变迁过程，并表明基因概念的语义变迁是依赖于特定的语境发生转移的。虽然，在日常生活中人们对基因的概念早已耳熟能详，但是，在大众科学下人们对基因概念的理解不乏一些特定的误区。而这种误区产生的很大一个原因就是早期科学革命中形成的还原论的思维对人们的影响。因此，本章在讨论大众科学对基因概念产生的几个误区之后，又讨论了基因概念的还原论本质，并指山，虽然还原的方法在基因概念发展的过程中起到过很大的作用，但是，我们要反对基因概念发展过程中的还原论思维。无论是强的还原论策略还是弱的还原论策略都无法实现分子生物学的理论还原。因为，在基因概念发展的过程中，解释的语境在不断发生着变化，这种语境的差异便造成了分子生物学理论还原的困境。因此，我们应该在特定的语义边界下，对基因的概念进行一种语境化的语义解释。正是这种特定的语义边界规定了生物学家对基因解释与描述的范畴，也正是在这种特定解释语境的变迁中实现了基因概念的发展。最后，本章还讨论了基因理论发展过程中的隐喻思维，并以 DNA 双螺旋结构模型为重点，讨论了隐喻在基因理论发展过程中的发明功能与表征功能。

第三章为"中心法则的语义分析"。中心法则作为遗传信息传递的机制,有其形成的特定逻辑基础。本章从中心法则形成的理论基础与科学社会基础开始讨论了中心法则的产生。之后,使用语义分析的方法对中心法则的语义变迁进行了分析,并指出这种变迁是在分子生物学纵向语境的不断变化中实现的。只有在特定的语境下对中心法则进行不同层面的语义解释,才不会导致其语义的局限性,在中心法则语义变迁的过程中充分体现语境论的认识特征。虽然,中心法则对现代生物学的发展具有十分重要的意义,但是,传统意义下对于作为科学理论及作为研究方法的中心法则的意义的理解都有其局限性。传统意义下作为科学理论的中心法则反映了一种还原论的思维,而这种还原论的思维为还原论者对基因组的研究提供了一种方法论意义上的保障。但是,在具体的研究中,这种自下而上的还原的研究策略会带来一种惊人的复杂度。就像计算机科学中的 NP-complete 问题一样。本章在最后结合计算机模拟,提出了一种自上而下的中心法则新的研究策略,试图对这种困境给出一种解答。

第四章为"分子生物学中信息概念的语义分析"。在分子生物学中,信息的概念是作为生物特异性理论的一部分被提出的。随着分子生物学的发展,当实验研究的对象从原核生物推进到真核生物时,真核生物的复杂程度远远超出了人们的想象。原本适用于原核生物的一些简单定律不再适用于真核生物,同样,也包含了早期的信息概念。虽然,在分子生物学发展的过程中,信息论与控制论都对信息的概念提出了辩护,但是这仍然无法阻止一些对信息概念持否定态度的学者(如萨卡)的诘难。本章具体讨论了萨卡对信息概念的几个诘问。之后又讨论了关于遗传信息的争论中最主要的问题之一——基因是否具有信息。通过对这一问题的讨论,笔者认为,在对信息概念理解的过程中既不能忽略信息在经验事实上的使用,也不能过分强调信息的语义性质,应该在语境论的基底上对其进行完整的理解,而实现这种理解的方法便是语义上升和语义下降。之后,笔者使用语义上升和语义下降的方法对信息的概念进行了语境论的解释,并讨论了信息概念的部分语义性质。最后,还讨论了基因与非基因系统中信息遗传的特征。

第五章为"遗传密码的语义分析"。遗传密码作为遗传的信息，对于分子生物学中很多问题的理解都具有重要的作用。本章从遗传密码概念的提出开始，讨论了遗传密码发现的逻辑，分析了遗传密码（如三角密码、菱形密码、无逗点密码等）在发展过程中的不同理论模型，并阐述了最终的遗传密码的语义性质。虽然，很多生物理论都是按照遗传密码的概念逻辑地展开的，但是即便是到了现在，人们对于遗传密码概念的理解也不尽相同。本章详细讨论了其中最具有代表性的三种观点，并指出在对遗传密码概念的认识过程中，我们应该尽量避免一种非黑即白、非此即彼的思维方式，既不能完全否定遗传密码的理论作用，也不能过分滥用遗传密码的语义性质，而是应该在特定的语义边界下对其进行特定的语义解释，并解释了遗传密码的语境选择与意义。

结束语对书中提到的观点进行了总结，并概括性地指出语义分析在分子生物学理论研究中的意义。

本书使用语义分析的方法对分子生物学理论中遗传的载体——基因、遗传的机制——中心法则、遗传信息及遗传密码进行了系统的分析。主要工作包括以下几点。

第一，系统地梳理了基因、中心法则、遗传信息、遗传密码的语义变迁过程，是对国内分子生物学基础理论研究的整理和补充。

第二，在对分子生物学核心概念的语义变迁过程的分析中，指出了基因、中心法则、遗传信息、遗传密码这些概念的语义变迁是在分子生物学纵向理论发展的过程中，依赖特定的语境隐喻性地发生转移。

第三，书中使用语义上升和语义下降的方法对中心法则、遗传信息及遗传密码概念的语义进行了语境论的分析，并指出，这种语境化的语义分析不仅可以实现指称理论与意义理论的统一，也能够通过语境的因素将各种不同的语义分析模型建立一个共同的对话平台，从而将理论解释的有效性最大化。在研究分子生物学核心概念语义解释的过程中，我们总是"自觉地选择把什么当成是真的，把什么当成是构建的"，而实现这种"自觉选择"的方法便是语义上升和语义下降。

第四，书中分析了中心法则、遗传信息及遗传密码的内涵、语义性质、语义特征、意义的解释及解释困境等，提出了对分子生物学中核心概念的语义解释应该是在语境论的解释平台之上。只有在语境论的平台上，分子生物学中核心概念的语义实现才是完整的、立体的。我们既不刻意地强调概念的理论作用，也不过分地滥用概念的语义性质，而是应该在特定的语用环境下对其特定的语形表达进行语境化的语义解释。这样既可以避免传统的生物学哲学中对还原论与实证主义的争论，也可以实现对分子生物学理论宏观结构上的探讨。

由于学识与能力有限，书中难免存在不足之处。笔者将在今后的学习与研究中继续完善和修正，希望能够实现完整的写作意图。对于书中的不足之处，也恳念读者诸君能够不吝指正和赐教。

杨维恒

2017 年 4 月

目 录

总序　/ i
前言　/ vii
引论　/ 1

第一章　分子生物学中的语义分析　/ 13
第一节　分子生物学中语义分析兴起的背景　/ 14
第二节　分子生物学哲学中语义分析的本质与意义　/ 28
本章小结　/ 38

第二章　基因概念的语义分析　/ 41
第一节　基因概念的语义变迁　/ 42
第二节　语境论视野下的基因本质　/ 63
第三节　基因理论发展过程中的隐喻思维　/ 82
本章小结　/ 93

第三章　中心法则的语义分析　/ 95
第一节　中心法则形成的逻辑基础　/ 96
第二节　语境依赖下的语义变迁　/ 102
第三节　传统意义下中心法则的意义及其局限性　/ 108
第四节　中心法则方法论意义研究的新路径　/ 121
本章小结　/ 123

第四章　分子生物学中信息概念的语义分析　/　125

第一节　分子生物学中信息概念的语义溯源　/　126
第二节　对早期信息概念的诘问　/　137
第三节　基因是否具有信息　/　139
第四节　生物学中信息概念的语境论解释与语义性质　/　146
第五节　基因与非基因系统中信息遗传的特征　/　153
本章小结　/　163

第五章　遗传密码的语义分析　/　165

第一节　遗传密码的语义溯源　/　166
第二节　遗传密码语境论基础上的意义分析　/　196
本章小结　/　209

结束语　语义分析方法在分子生物学理论研究中的意义　/　211

参考文献　/　219

后记　/　229

引论

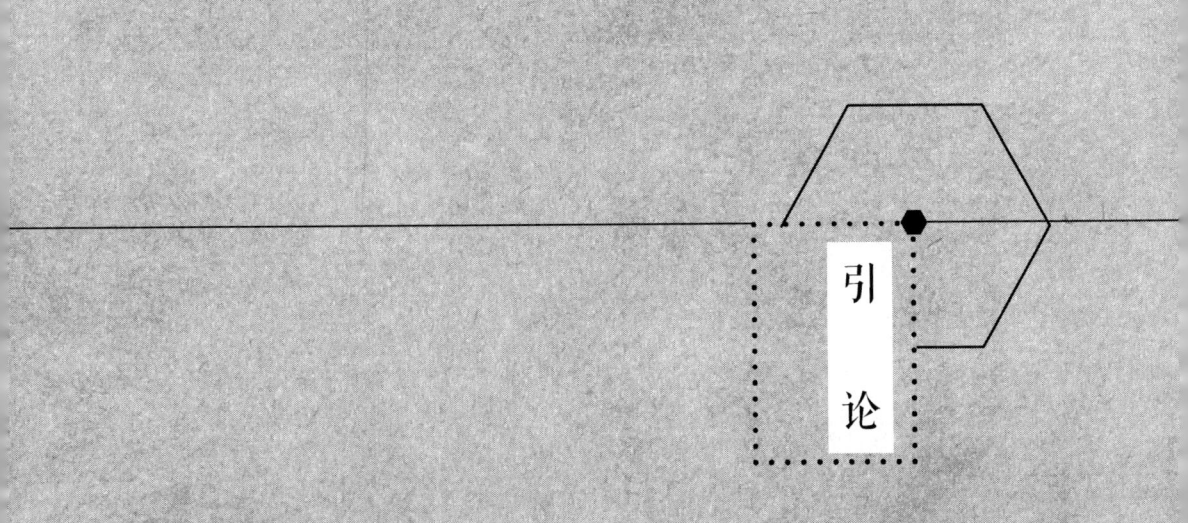

生物学哲学作为科学哲学的一个重要组成部分，在当代科学哲学的研究中受到越来越多人的关注。无论是国内还是国外，对生物学哲学的研究都是一个热点领域。尤其是20世纪中叶，DNA双螺旋结构模型的确立拉开了分子生物学时代的帷幕。在近几十年中，分子生物学理论的飞速发展及巨大成果对人类的认识论、思维方式及社会发展都产生了很大的影响。这也使得生物学哲学成为科学哲学的一个重要子学科，而开展对生物学基础理论的哲学思考与前沿论题的哲学分析具有十分重要的理论与现实意义。

从19世纪开始，生物学的发展就逐渐走向成熟。然而，由于近代物理的发展以及现代物理学革命的影响，19世纪及20世纪科学哲学的发展始终都以实证主义的物理学哲学为核心。科学哲学的主流学者都是研究物理学的逻辑实证主义者。直到20世纪中叶，分子生物学革命的出现，使得生物学成为继物理学革命（相对论与量子力学革命）之后成果最多、发展最快的一门学科。一时间，大量的生物学论文与著作开始涌现。加之生物学理论结构的特殊性与逻辑实证主义的衰落，逐步将生物学哲学推向了科学哲学研究的舞台核心。但是，与物理学相比，生物学理论依然显得没有那样成熟，生物学哲学任重而道远。例如，对生物学的语言进行分析，这里不仅要涉及对已有的生物学构架进行总结，很多时候甚至需要给出一些新的语言架构。再如，"探讨生物学解释的逻辑形式、生物学理论的证明与检验以及生物学概念的结构等，在对这些问题研究的过程中有时就必须要求生物学哲学家具体到生物学的研究实践中去了解生物学概念、理论的产生方式，从而去揭示其方法论基础"[①]。而在所有的这些问题中，对生物学核心概念的分析，应该是最基础的，也是最重要的。

"一部物理学发展的历史，不只是一本单纯的实验发现的流水账，它同时还伴随着概念的发展，或者概念的引进。……因为正是概念的不确定

---

① 雷瑞鹏，殷正坤. 对遗传密码的哲学思考. 自然辩证法通讯，2004，6: 33-36.

性迫使物理学家着手研究哲学问题。"①这是量子力学创始人之一海森堡曾经说过的一句名言。对于分子生物学而言，更是如此。基因、中心法则、遗传信息、遗传密码等分子生物学中的一些核心概念在理解分子生物学的过程中起着十分重要的作用。几乎所有的分子生物学中的生物现象与生物过程都是围绕这些概念按部就班地展开的。因此，对分子生物学中核心概念进行系统的哲学分析，不仅有助于夯实这些概念在科学与哲学上的意义，对分子生物学理论的完善也具有十分重要的意义。

语义分析方法在科学哲学中作为一种横断的研究方法，尤其是在针对理论远离经验的分子生物学概念时具有其独特的先天性特点与优势。因此，本书正是基于语义分析的方法，对分子生物学中的核心概念进行系统的哲学分析。需要强调的是，对任何概念的语义分析都无法离开其语形表征的前提，因为没有语形表征的语义分析是没有意义的，而对任何概念语形表征的分析也都无法离开对其语义分析，因为没有语义分析的语形表征是空洞的；同时，对每一个概念语义分析的意义使用又无法离开语用的选择，即对每一个概念的语义分析都不能脱离对其社会语境的分析，因为脱离了语用分析的语义分析可能是狭隘的、不可通约的。因此，语形、语义及语用这三者之间是一个有机的语境论的整体，无法割离。本书在对基因、中心法则、遗传信息及遗传密码这些概念的语义分析过程中，无论是自觉或者不自觉的，都是建立在这三者统一的语境论基础上的。

一、概念之于生物学

"生物学"这一名词是19世纪才开始出现的。在此之前的科学中并没有"生物学"这样一门学科。康德、莱布尼茨、笛卡儿、培根等在讨论有关科学及科学方法论的论著中，都没有提到过生物学，而与之相关的内容就只有植物学、博物学、医学等。16世纪50年代，科学领域发生了第一次科学革命。然而，这一次的科学革命主要是以物理学为主，并没有过

---

① 海森堡 W. 严密自然科学基础近年来的变化.《海森堡论文选》翻译组译. 上海：上海译文出版社，1978：185.

多地影响生物学的发展。直到19世纪，生物学学科才出现了一些革命性的变化。所以，在17~18世纪，对科学的哲学研究主要是以物理学为对象，几乎没有涉及其他学科（当然也包括生物学）。然而，在近几十年中，生物学的发展取得了极大的成绩，从而促使人们加大了对生物学哲学的研究。也正是在这个过程中，有些科学哲学家试图将生物学与物理学区分开来，如斯克里文（Scriven）、贝克纳（M. Beckner）、赫尔（D. Hull）、坎贝尔（K. Campbell）等。而关于两者的区别，最主要的争论之一便是定律。

在物理学中，定律是构成其理论的核心。它对物理现象的解释具有十分重要的作用。很多时候，人们对物理现象是否得到解释的判定取决于它是否能够满足一般的定律。当然，任何定律都无法实现对所有事件现象的解释。但是，有些哲学家还是把定律的建立作为评价科学的依据。当然，他们所指的定律是一种决定论的、能够做出准确预测的。那么，在生物学中是否存在这样的定律？或者说，在生物学中定律是否如同在物理学中那样重要？很多生物学哲学家都对这个问题进行了讨论。例如，鲁斯（M. Ruse）和赫尔就认为在生物学中存在着定律，只不过生物学中的定律与物理学中的定律有所区别。而斯玛特（J. C. Smart）则认为在生物学中根本就不存在普遍适用的定律。有趣的一种现象是，从事具体生物学研究的生物学家们根本就不关心这个问题，因为，他们认为这个问题对他们的工作毫无影响。

通过对生物学发展历史的回顾可以发现，在19世纪的文献中人们经常会提到"定律"，但是在现代的文献与教科书中几乎看不到"定律"这一名词。当然，这并不是说在现代生物学中无规律性可言，而是生物学中的规律性都那样显而易见，并且几乎都是具有概率性的。例如，伦施（B. Rensch）曾列举出100条有关进化的"定律"来说明自然选择对适应的影响。但是，他所列举的"定律"中几乎又都有例外情况。[①]就好比，当我

[①] Rensch B. Evolution Above the Species Level. New York: Columbia University Press, 1960: 109-114.

们说我们能够完成某件事情的概率是 99.9%时，哪怕这一概率确实是 99.9%，我们也不能将它认定为一条定律。因为，它不具有普遍性，不是决定性的理论，不具有预测性的功能。所以，"有人曾说：生物学中只有一条普遍定律，那就是一切生物学定律都有例外"①。

这种概率化的思想与早期科学中形成的用数学形式化表达的思想相距甚远。因此，在生物学中生物学家总是尝试将一些生物现象概括成一个个概念结构，而不是建立定律。对于生物学而言，一个核心概念的确立就标志着一个生物学理论的创立，而这个理论的发展与这个核心概念的发展便息息相关。核心概念的发展与完善促进了相关生物学理论的发展与完善。或许有人会指出，任何概念的发展最终都会形成定律，两者之间的差异至多只是形式上的体现。然而，恩斯特·迈尔（E. Mayr）认为在生物学中则不尽其然。他指出，在生物学中概念的运用会比定律更加灵活，也更具有启发性。可以说，每一个生物学分支学科的发展都是在其核心概念定义的反复提炼与完善中展开的。

因此，在生物学哲学中，保持对生物学核心概念的重视是十分重要的。不仅要对生物学中核心概念的发现过程进行系统的分析，还应该能对其概念的发展过程进行详尽的阐述。就像迈尔所言："生物学的历史由概念的建立来支配，并且为概念的完善化、修正和偶尔的废弃所左右。""生物学的哲学必须包括一切主要的生物学特有的概念，不仅是分子生物学、生理学和发育（发生）学的概念，还包括进化生物学的概念（如自然选择、总适合度、适应、发育、世系）、系统学概念（如种、阶元、分类）、行为生物学及生态学概念（如竞争、资源利用、生态系统）。"②这也正是本书选择分子生物学中的核心概念进行分析的原因之一。

分子生物学的快速发展使得生物学成为继相对论和量子力学革命以来发展最快、成就最多的学科之一。分子生物学理论的巨大成就，对人类的认识论、思维方式及社会发展都产生了很大的影响。在这种环境下，分子生物学中核心概念的科学概念在发生着日新月异的变化，与此同时，对这

---

① 恩斯特·迈尔. 生物学思想发展的历史. 涂长晟等译. 成都：四川教育出版社，2010：5-9.
② 迈尔. 生物学哲学. 涂长晟等译. 沈阳：辽宁教育出版社，1993：59.

些概念的意义分析与哲学解释却相对滞后。例如，在日常生活中人们对"基因"的概念早已耳熟能详，然而，对基因概念的理解与其科学概念的意义却不尽相同。在日常生活中，当人们谈到基因时，它往往表示一种决定或控制某种性状的物质，它总是必然地限制生物的性状，并且生物所有的性状都被编码在基因中。当人们谈到"某某基因"（如犯罪基因等）时，其实就包含了某个基因作为一个独立的个体，并且相对应地决定了该种性状的意义。因此，当某一个体的某种性状或性能的表现超越了或未达到人们的某种期望时，我们就经常会说"某某基因优良"或"某某基因不优良"。这些都表明，在日常生活中，基因往往被看作是性状或性能的决定者。然而，在分子生物学中，基因是否是独立的片段，单个的基因是否能够对应某种特定的表现型？答案显然都不是肯定的。在分子生物学中，当生物学家谈到某个基因，或把某种性状归因于某个特定的基因时，那也仅仅只是为了试验研究而采取的一种语言上的方便表述。在具体的科学中，出现这种方便式的语言表述在于他们有专业的技能对这种方便表述的科学内涵进行区分。再如，"遗传密码"的概念，即便是对于生物学哲学家而言，同一时期，不同的学者对其概念的哲学意义都有不同的解释。例如，萨卡（S. Sarkar）认为遗传密码在生物学中的使用仅仅是一种为了方便表达的隐喻式使用[1]；戈弗雷·史密斯（P. G. Smith）则认为遗传密码在生物学中的使用只有在蛋白质合成过程的理论框架中起到一个有限的理论作用，在这个理论框架之外，遗传密码不承担更多的作用[2]；而梅纳德·史密斯（J. M. Smith）则通过对信息概念的语义解释来辩护遗传密码在生物学中的应用[3]。

所以，对分子生物学中遗传的载体——基因、遗传的机制——中心法则、遗传信息及遗传密码等这些核心概念进行系统的语义分析，不仅有助于厘清这些概念的本质，并且在科学概念日新月异的环境下，有助于其哲

---

[1] Sarkar S. Decoding "coding": Information and DNA. BioScience, 1996, 46（11）: 857-864.
[2] Smith P G. On the theoretical role of "genetic coding". Philosophy of Science, 2000, 67: 35.
[3] Smith J M. The concept of information in biology. Philosophy of Science, 2000, 67: 183-184.

学概念的夯实。

理论远离经验,是分子生物学理论发展的一大特征。在这样的一个前提下,就如何理解和解释分子生物学理论方面,语义分析是一种十分重要的科学方法。并且,语义分析方法本身作为语义学方法论,在科学哲学中的运用是"中性"的,这个方法本身并不必然地导向实在论或反实在论,而是为某种合理的科学哲学的立场提供有效的方法论的论证。语义分析方法在科学实在论等传统问题的研究上具有超越性,在一个整体语境范围内其方法更具基础性。同时,作为科学表述形式的规则与其理论自身架构是息息相关的,这种关联充分体现在理论表述的语义结构之上,对其逻辑合理性的分析就是对理论真理性的最佳验证。而且,生物学理论表述的多元化特征也使得语义分析应用更加具有灵活性。[①]

二、国内外生物学哲学研究

20世纪中叶,分子生物学的革命无疑已经使得生物学哲学成为科学哲学中不可或缺的一个部分。尤其是近几十年来,生物学领域不断取得的新成绩,更加使得生物学哲学成为国内外学者竞相关注的焦点。

国外从事生物学哲学研究的学者,大致可以分为三代。第一代的生物学哲学家主要有以生物学为主业的迈尔、威尔逊(E. O. Wilson)、列旺亭(R. Lewontin)等,还有以哲学为主业的贝克纳、格林(M. Grene)、赫尔、鲁斯、沙夫纳尔(K. Schaffner)及维姆塞特(W. Wimsatt)等。他们的著作中有较大影响的主要有贝克纳的《生物学的思维方式》(*The Biological Way of Thought*, 1959)、鲁斯的《生物学哲学》(*Philosophy of Biology*, 1973)、赫尔的《生命科学哲学》(*Philosophy of Biological Science*, 1974)、迈尔的《生物学思想发展的历史》(*The Growth of Biological Thought*, 1982)及《走向新的生物学哲学》(*Toward a New Philosophy of Biology*, 1989)等。第二代的生物学哲学家主要有贝蒂(J. Beatty)、贝多(M. Bedau)、布兰登(R. Brandon)、达丹(L. Darden)、

---

① 郭贵春,杨维恒. 中心法则的意义分析. 自然辩证法研究, 2012, 5: 1-5.

罗森伯格（A. Rosenberg）、萨卡、索伯（E. Sober）、斯特瑞尼（K. Sterelny）等。其中影响比较大的著作主要有罗森伯格的《生物科学的结构》（*The Structure of Biological Science*，1985）、索伯的《生物学哲学》（*Philosophy of Biology*，1993）、斯特瑞尼的《性和死：生物学哲学导论》（*Sex and Death：An Introduction to the Philosophy of Biology*，1999）等。

  无论是第一代还是第二代，他们中都不乏对生物学概念的分析。在第一代的研究者中，他们更多的是对进化生物学和经典遗传学中的概念进行分析。例如，迈尔在《生物学思想发展的历史》一书中对种群思想概念的分析，通过对种群思想的产生及其内涵的分析表明生物学中引进新的概念的重要性。在生物学哲学中，迈尔强调对概念的历史叙述比对定律的解释更加重要，因此，在生物学中就会出现解释与语言的不对称，生物学进步的一个重要特征是概念的发展与进步。再如，赫尔在《生命科学哲学》一书中对物种概念的分析，他提出了"物种作为个体"的思想。"所谓'物种作为个体'，是说物种单元不应当被看成是由众多成员集合而成的类（class），而应当被理解为由各个部分构成的个体（individual）。这一主张最早由吉色林（M. Ghiselin）在1966年和1974年提出，但当时并未引起注意。正是由于赫尔在70年代后期的工作，才使生物学家和哲学家认识到了这个命题的重要性，而且直到目前仍在进行着热烈的讨论。"[①]所以说，赫尔对物种概念的分析，对进化论的发展有很大的意义。第二代研究者逐渐开始了对分子生物学中概念的分析。例如，斯特瑞尼等人重新分析了复制因子的概念，他们希望通过对基因语义性质的分析来解决围绕着选择单位的种种争论。[②]萨卡通过对遗传密码概念的分析，认为真核生物的复杂性表明编码的使用仅仅是被限制在从DNA到生物组织的翻译过程中。给定一个DNA序列，只是为了读出其氨基酸序列就需要知道：是否有非标准的密码被使用；使用的是什么阅读框；所有的基因的非基因及内含子、外显子的边界要清楚；发生了哪一类的RNA编辑。即使是在隐喻

[①] 柳鸣，董国安. 大卫·霍尔的生物学哲学. 自然辩证法研究，2000，3：12-15.
[②] Sterelny K, Smith K, Dickison M. The extended replicator. Biology and Philosophy，1996，11：377-403.

层面，将这些复杂性看成一个语言的问题都是不可能的。毕竟，自然语言不会包含大段的无意义符号，然后只是偶尔插入一些有意义的符号位。当然，即便是有了氨基酸序列，生物学也才刚刚开始，之后，我们会面临高层次的组织的问题。在缺乏对蛋白质折叠问题解决的时候，如果真的从DNA"文本"开始，对这个问题的解决几乎是没有前景的。无论在什么情况下，分子生物学的信息图景的贫乏，都特别需要提醒——DNA终归是一个分子而不是一种语言。因此，随着越来越多分子生物学机制被揭示，与遗传密码联系在一起的整个概念框架都越来越不合时宜了，尤其是对复杂多细胞生物而言，分子生物学应该给出新的语言构架。①

当代的生物学哲学家主要有斯蒂芬斯（C. Stephens）、沃尔施（D. Walsh）、米尔斯坦（R. Millstein）、戈弗雷·史密斯、梅纳德·史密斯、奥卡沙（S. Okasha）、凯切尔（P. Kitcher）等。他们对分子生物学中基因的本质、中心法则的意义、遗传密码的概念等讨论得相对比较多。例如，凯切尔对基因、中心法则和遗传密码的概念进行了分析，认为遗传密码概念并不具有解释的效力，它不过是一种便利的谈话模式、实用的语言框架；如果改变这种模式，生物学理论丝毫不会受到影响。②斯坦福大学哲学系的戈弗雷·史密斯对有关基因和遗传密码的问题从生物学和哲学领域进行了深入的探讨。他认为，一方面，遗传密码的概念对解决细胞如何工作的问题做出了理论上的贡献，是一个有意义的理论框架；另一方面，当遗传密码概念超越了原先的理论框架，它不能解决任何问题，或者说，在蛋白质合成这个生物过程之外，遗传密码概念能否为我们提供有意义的帮助是有疑问的。他还进一步指出，这一论断不仅适用于遗传密码，还适用于基因的其他语义概念。③英国学者梅纳德·史密斯对遗传信息的概念讨论较多。他希望从信息角度对遗传密码的概念进行适当的辩护。他将遗传密码和人工

---

① Sarkar S. Decoding "coding": Information and DNA. BioScience, 1996, 46（11）: 857-864.
② Kitcher P. Battling the undead: How (and how not) to resist genetic determinism//Singh S, Krimbas B, Paul D, et al. Thinking about Evolution: Historical, Philosophical and Political Perspectives. Cambridge: Cambridge University Press, 2000: 396.
③ Smith P G. On the theoretical role of "genetic coding". Philosophy of Science, 2000, 67: 35.

密码进行了类比，如莫尔斯电码或 ASCII 码，并指出，它们之间是如此接近，以至于不需要任何的辩解，但是对于遗传密码而言，仍然有一些独有的特征需要注意。他并不同意其他学者对遗传密码的否定，而是试图通过对基因概念信息语义性质的分析来解决这个问题。他认为，虽然科学中的类比及隐喻会对人产生误导，但是如果不使用信息和遗传密码的概念，而是用其他的机制去解决蛋白质和 RNA 之间的相互作用，那么有可能至今我们都还没有解决这个问题。[1]还有一部分学者通过对中心法则理论结构的分析，讨论中心法则是否能够作为还原论研究者的理论基础，通过对遗传密码和人工密码的对比，以期在系统论的层面下解决中心法则方法论意义的局限性等。

国内对分子生物学中基础概念的探讨比较少，也比较零散。20 世纪七八十年代对它们的讨论相对比较集中，如胡文耕的《遗传物质的认识史》（1979、1980）、吴乃虎的《基因研究的发展与现状》（1982）、赵功民的《遗传观念的演变》（1981）、张乃烈的《生物进化思想的发展》（1981）等。这些论著中都有对分子生物学基础概念的分析，但基本上都是从生物学史的角度对基因、遗传密码等概念发现的逻辑进行分析。关于中心法则讨论比较集中的应该属于刁生富发表的一系列文章，如《试论中心法则的理论价值》（1991 年，载《科学技术与辩证法》）、《从中心法则看生命观的几个问题》（1993 年，载《南都学坛》）、《试论中心法则在生物科学发展中的地位》（1993 年，载《驻马店师专学报》）、《分子生物学中心法则的历史考察》（1993 年，载《南都学坛》）、《简论中心法则的发展》（2000 年，载《佛山科学技术学院学报（自然科学版）》）、《中心法则与现代生物学的发展》（2000 年，载《自然辩证法研究》）、《中心法则与分子生物学的生命观》（2003 年，载《自然辩证法研究》）等。他对中心法则的历史发展、中心法则中的哲学思维、中心法则在分子生物学发展过程中的作用等都进行了考察和分析。关于分子生物学中概念分析的文章还有李建会的《人工生命对哲学的挑战》《数字生命的哲学思考》《自然选择

---

[1] Smith J M. The concept of information in biology. Philosophy of Science, 2000, 67: 183-184.

的单位：个体、群体还是基因？》，张昱的《进化的科学概念与哲学概念》，董国安的《二十世纪遗传学振兴的一个重要机制》《生物学中进化主题的演变》，雷瑞鹏、殷正坤的《对"遗传密码"的哲学思考》，雷瑞鹏的《遗传密码概念发展的历史脉络》，向义和的《遗传密码是怎样破译的》，肖敬平的《析遗传密码子多态性之谜》《遗传密码子进化的阶段性》，郭贵春、赵斌的《生物学理论基础的语义分析》等，但相对来说都比较零散。

虽然，国内外对分子生物学基础概念的哲学探讨都比较多，但是切入的角度各不相同。本书尝试在语境论的基底上使用语义分析的方法，并结合语形、语用的讨论，对分子生物学中的核心概念进行系统的分析，希望能够对分子生物学基础理论中概念的科学意义和哲学含义有所补充。

第一章 分子生物学中的语义分析

普特南（H. Putnam）曾经说过："语义分析的本质并不是一个语言分析的问题，而是一个科学理论的构造问题。"[①]也就是说，对一个科学理论的语义分析并不仅仅是对其词语的意义分析，还应该包括对这一理论内在结构的把握，从理论的逻辑形式与实在内容的一致性上去把握其理论的构造。尤其是对于分子生物学而言，其概念结构的特殊性使得语义分析这种方法在分子生物学这门学科中的应用十分突出。很多时候，人们总会对分子生物学中一些文章所作的某些概括的质朴与简洁感到惊讶。然而，只有通过详细、具体的语义分析，只有对这些质朴与简洁的概括进行仔细的研究与分析，才能去真正地了解这些概念。本章首先讨论了语义分析方法在科学哲学与分子生物学中的应用传统，之后讨论语义分析方法对于分子生物学理论的各种功能与意义。

第一节　分子生物学中语义分析兴起的背景

20世纪，哲学中的语言学转向使得语言哲学在哲学分析中的发展取得了长足的进步。随着语言哲学的发展，语言学研究中的语义分析越来越清晰地成为一种普遍的、具有时代特征的研究方法。因为，所有问题语义信息的明确都是正确确定其语言描述的结构属性与客观世界关系的前提。在科学哲学中，20世纪30年代，通过逻辑经验主义对语义分析方法应用的强调，语义分析方法在对科学概念的分析中成为一种十分重要的工具。尤其是在解决不可观察对象的解释难题时，语义分析的方法更能超越直接可观察证据的局限性，通过逻辑语义分析的途径达到对不可观察对象的科学认识和真理，而理论远离经验正是分子生物学发展的一大特征，加之生物学哲学产生与盛行对科学哲学中物理学哲学的核心地位提出了挑战。也正是在这些背景下，语义分析这个原本在科学哲学的研究中就十分有效的

[①] Putnam H. Mind, Language and Reality. New York: Cambridge University Press, 1984: 141.

研究方法，在分子生物学哲学的研究中更为突出。

一、生物学哲学兴起的背景

从 20 世纪六七十年代开始，生物学哲学作为科学哲学的一门子学科，在科学哲学领域异军突起。伴随着生物学理论的发展，层出不穷的生物学现象与理论对人们原有的以物理学哲学为基础的认识论和方法论提出了挑战。越来越多的科学家及哲学家都将目光投向了生物学哲学。尤其是近几十年来分子生物学领域取得的骄人成绩，更是将生物学哲学的发展推向了一个焦点领域。

如果我们将对生物学问题的一些哲学思考也归为生物学哲学的范畴，那么生物学哲学的历史将会被延长很多。例如，迪普（D. Depen）与格林合著的《生物学哲学——一部历史的片段》一书中，就将亚里士多德、笛卡儿、康德等在内的许多历史上著名的哲学家的相关思考作为生物学哲学发展的一部分。[1]但是，从学科建制的角度而言，他们对一些问题的思考仅以问题域的形式出现，没有形成一个固定的学术领域，或者说没有将生物学哲学作为一门学科来探讨。

到目前为止，绝大多数观点都认为，将生物学哲学作为一门学科起源于 20 世纪中叶以后，传统科学哲学的自身危机以及当时分子生物学的革命与综合进化论的革新[2]，或者说是来自当时反实证主义与反还原主义立场的兴起。[3]

1543 年，哥白尼发表了《天体运行论》，标志着近代自然科学的诞生。此后，运动学及力学得到了迅速的发展。到了 1687 年，《自然哲学的数学原理》的问世标志着近代自然科学的形成。在这本书中，牛顿提出了牛顿三大定律及万有引力定律，从而形成了完整的牛顿力学体系。而近代自然科学的哲学也正是在这样的科学背景下产生并发展起来的。17 世纪

---

[1] 转引自赵斌. 生物学哲学研究的历史沿革与展望. 科学技术哲学研究，2012，4：31-35.
[2] 李建会. 生命科学哲学的兴起. 自然辩证法研究，1996，4：39-44.
[3] Smocovitis V B. Unifying Biology: The Evolutionary Synthesis and Evolutionary Biology. Princeton：Princeton University Press，1996：105.

末 18 世纪初,许多哲学家去探讨科学以及科学的方法论和认识论,都是在这样的背景下进行的。例如,康德、培根、笛卡儿、莱布尼茨等,他们对科学哲学的讨论都是以物理学为基础的。也就是说,在当时的背景下,物理学的认识论和方法论成为所有自然科学的行为标准。传统的科学哲学认为,世界上所有发生的事件都可以由物理的方法和语言去解决与描述。例如,分析哲学的主要代表人物之一,也是物理主义最主要的倡导者之一卡尔纳普(P. R. Carnap)认为"如果根据物理语言的普遍性,把物理语言用作科学的系统语言,那么,所有的科学都会成为物理学。……实际上只有一种客体,那就是物理事件。在这物理事件范围内,规律是无所不包的"[1]。维也纳学派创始人莫里茨·石里克(M. Schlick)也认为"对于自然哲学而言,有机体不过就是一些特殊的具有复杂结构的系统,它们被包含在物理世界图像的完美和谐的秩序之中"[2]。一直到了 20 世纪中叶,传统的科学哲学依然是以实证主义为核心的物理学理论为基础。无论是孔德时期的实证主义,还是马赫时期的实证主义,再到 20 世纪的逻辑实证主义,人们对自然科学的结构、概念、方法等方面的论述依旧是以物理学的理论为对象。这里我们可以引用迈尔在《生物学哲学》一书中的一句话:"自从伽利略、笛卡儿、牛顿以来直到 20 世纪中叶,科学哲学一直由逻辑学、数学和物理学所左右达数百年之久。"[3]

总而言之,物理学在这一时期突飞猛进的发展,使得传统的科学哲学的研究一直都是对物理理论的分析和思考,从而忽视了其他具体的自然学科,同样也包括生物学。虽然,在《天体运行论》发表的同年,萨维里也发表了《人体的构造》。但是,在之后的一段时间内生物学的领域并没有取得太多的成绩。甚至到了 20 世纪初,对这一学科问题的哲学思考依旧没有形成一种特定的研究领域。然而,到了 20 世纪中期,一股反实证主义及反还原主义的思潮开始逐渐进入科学家与科学哲学家的视野,而造成

---

[1] 洪谦. 逻辑经验主义(下卷). 北京:商务印书馆,1984:476.
[2] 莫里茨·石里克. 自然哲学. 陈维杭译. 北京:商务印书馆,1984:68.
[3] 迈尔. 生物学哲学. 涂长晟等译. 沈阳:辽宁教育出版社,1993:4.

这种现象的原因主要有二——传统科学哲学自身发展的危机和生物学各学科的飞速发展，如分子生物学、综合进化论等。

首先，我们来看传统科学哲学自身的危机。传统科学哲学主要包括三个命题：一是认为自然科学的命题属于综合命题而不是分析命题；二是认为通过以指称直接经验的名词为基础的逻辑构造可以实现任何一个有意义的陈述，也就是通常所说的还原论；三是认为对科学理论的解释就是一个推理的过程，通过一些前提条件及一些规律性的陈述对被解释对象的推导过程，就是解释实现的过程。其中，经验指称的名词可以实现所有陈述的意义是逻辑实证主义的核心命题。换句话说，逻辑实证主义者认为，经验与理论在科学中是完全能够分离的。以经验为基础去构建科学理论就是科学活动的本质，而这个理论是否正确则与其是否能够得到证实有关。奎因曾在其《经验论的两个教条》中批判了这种将经验与理论完全二分的方法。奎因认为与经验相对照的是知识的整体，单独地去验证某一个句子是不能成立的。因此，他提出了整体主义的知识观，认为科学的整体才是经验的意义。但是，奎因对这种经验与理论二分法的批判并不彻底。波普尔对其提出了彻底性的批判。波普尔认为，不可能对理论进行完全的证实，但是却可以实现证伪，只有能够被证伪的理论才是科学的理论，一个理论越容易被证伪，它就越具有普遍性，从而形成了他的证伪主义的科学纲领。从波普尔之后，科学哲学中便发生了一个转变，那就是对科学理论的研究由之前的静态结构转变成了历史结构。之后科学哲学中又出现了范式论、研究纲领方法论、无政府主义方法论等理论，从而使传统科学哲学自身出现了严重的危机。

其次，我们来看20世纪中叶生物学的发展。20世纪中叶DNA双螺旋结构的发现吹响了分子生物革命的号角。这一发现使得许多生物现象都能够在分子水平得到解释。随着分子生物学的发展，在当时一度有许多生物学家与科学哲学家都认为生物学可以成为物理学的一个分支，一个能够通过运用物理学方法，现在特别是物理学和有机化学的方法发展的独立分支。①也就是说，物理学及化学知识能够对所有的生物学现象进行解释，同时，物理学与化学的研究方法也完全适用于生物学的研究。例如，克里克（F. Crick）就认为，"生物学当代运动的最终目标事实上就是根据物理学和有机化学解释生物学"②。沃森（J. D. Watson）也表示，"基本上所有的生物学家都已确认生物体的特性可以从小分子和大分子之间协调的相互作用来理解"③。苏联著名生物物理学家弗肯斯坦（M. B. Falkenstein）及美国生物学哲学家鲁斯也都分别认为，"毫无疑问，在过去几十年内，已开始向这样一个目标迈进，即把整个生物学作为物理学研究的一个具体对象"④，"不管怎样，我们将会看到生物学作为一门独立的学科将来终有一天会消失"⑤。当然，从现在来看，这种分支论的思潮也仅仅只是分子生物学发展过程中的一个阶段性产物。在 20 世纪中叶以后，除了分子生物学以外，其他许多生物学学科也都取得了很大的成绩，如综合进化论、社会生物学、群体遗传学、系统生物学等。与分子生物学相比，这些学科的语言表述、概念结构及研究方法等与物理学、化学学科的交集较少。尤其是在面对一些高级的生命运动时，它们都表现出自己独特的认识论与方法论。所以，当还原论者提出了生物学的分支论时，他们从自身的学科出发对此提出了反对。他们并不否认还原方法在生物学研究中曾取得过的成绩，但是他们又强调单纯的还原并不足以解决生物学中的主题内容。他们认为，"生物学真正重要的目标以及获得这些目标的适当方法与其他科学的目标和方法是如此不同，以至于生物学的理论和实践必须与物理学的理论实践保持持续的隔离"⑥。例如，现代综合进化论的主要创建者之一迈尔就曾在这个方面作出了开创性的工作。他从综合进化论出发，努力去构建一种新的生物学哲学。他认为应该对生物学的概念进行扩展，生物学只

---

① Rosenberg A. The Structure of Biological Science. Cambridge：Cambridge University Press，1985：13-16.
② Crick F. Of Molecules and Men. Seattle：University of Washington Press，1966：10-12.
③ Watson J D. The Molecular Bology of the Gene. New York：Keith Roberts Publisher，1970：67.
④ 弗肯斯坦. 生物学和物理学. 外国自然科学哲学摘译，1974，2：5.
⑤ Ruse M. Philosophy of Biology. London：Hutchinson & Co. LTD.，1973.
⑥ Rosenberg A. The Structure of Biological Science. Cambridge：Cambridge University Press，1985：13-16.

有这样才能实现对本质论和决定论的脱离。另外，从研究对象来看，生物学的研究内容也已经愈发多地涉及生命的本质，也愈发深地更加具有根本性。这种对生命本质的不断探讨不仅催生了人们对生物学哲学的兴趣，也从另一方面影响着生物学哲学的研究方向。

也正是在这样的背景下，生物学哲学作为科学哲学的一个子学科开始兴起，并先后涌现出了大量的关于生物学哲学的论文与论著。[1]因此，有人说，"如果说20世纪前半叶的科学哲学主要是对相对论和量子力学等物理科学的哲学概括，那么，20世纪下半叶，科学哲学的发展越来越受到生命科学的影响"[2]。

然而，与大多数的观点不同，英国社会生物学家贾森·拜伦（J. M. Byron）却认为生物学哲学作为科学哲学的一门子学科，其产生的根源并不是由于反还原论与反逻辑实证主义的兴起，或者说这种反还原论与反逻辑实证主义的运动都不能构成生物学哲学茁壮成长的条件。通过统计，他发现，在20世纪30～50年代，即逻辑实证主义在科学哲学中盛行的时期，生物学哲学相关学术论文的发表量与之后传统观点中生物学哲学产生时期的发表量相差无几。不同的是，在逻辑经验主义盛行的时期，人们关注的是当时所谓"真正"的生物学哲学。他认为，20世纪五六十年代科学哲学作为一门学科的专业化运动是导致生物学哲学产生的根本原因。科学哲学的专业化运动使得生物学哲学有可能被一般科学哲学所取代，针对这种现象便产生了当时的那场运动，而生物学哲学便是这一运动产物的一个子领域[3]。

其实，可以发现传统的观点更多强调的是科学哲学的整体环境对生物

---

[1] 从20世纪中叶开始，生物学哲学中出现了许多具有影响力的著作，如贝克纳的《生物学的思维方式》（1959）、鲁斯的《生物学哲学》（1973）、赫尔的《生命科学哲学》（1974）、迈尔的《生物学思想发展的历史》（1982）、索伯的《自然选择的本质》（1984）、罗森伯格的《生物科学的结构》（1985）、索伯的《生物学哲学》（1993）等。这些著作对生物学哲学及科学哲学的发展都产生了很大的影响。

[2] 李建会. 二十世纪的生命科学哲学. 自然辩证法通讯, 1999, 1: 5.

[3] Byron J M. Whence philosophy of biology? The British Journal for the Philosophy of Science, 2007, 58（3）: 418-419.

学哲学产生的影响,也就是"外因"对生物学哲学的影响,而拜伦更加侧重生物学哲学自身内部的发展对其学科产生的影响,即"内因"的影响。无论哪种原因是生物学哲学产生的根源,但是毫无疑问的是,这几十年中分子生物学的飞速发展以及其取得的巨大成绩也已经不得不将生物学哲学包含的问题放在人们面前。

就国外而言,从20世纪五六十年代开始直到八九十年代生物学哲学逐渐发展并确立为一门具有一定地位的科学哲学的子学科。第一,从期刊的角度来看,国外近几十年出版的比较具有影响力的有:1979年出版了只面向生物学哲学的专业杂志《生命科学哲学与历史》(History and Philosophy of the Life Sciences)、1986年出版了期刊《生物学与哲学》(Biology and Philosophy)、1993年出版了《生命科学杂志》(Ludus Vitalis: Revista de Filosofia de las Ciencias de la Vida)、1994年出版了《生物学理论与历史年鉴》(Jahrbuch für Geschichte und Theorue der Biologie)、1998年出版了《生物学与生物医学科学史及哲学研究》(Studies in History and Philosophy of Biology and Biomedical Sciences)等。第二,从协会的角度来看,1989年成立了"生物学史、生物学哲学以及生物社会学研究国际协会"(The International Society for History, Philosophy, and Social Studies of Biology)、1991年成立了"德国生物学理论及生物学史协会"(The Deutsche Gesellschaft für Geschichte und Theorie der Biologie)及现在公认的最大的专业组织"国际生物学的历史、哲学和社会学研究协会"(The International Society for History, Philosophy, and Social Studies of Biology)等。第三,从研究者的角度来看,通常都按照其活跃的年代,将生物学哲学家分成三代:20世纪60年代至70年代初期第一代的生物学哲学家主要有迈尔、威尔逊、列旺亭、贝克纳、格林、赫尔、鲁斯、沙夫纳尔及维姆塞特等;70年代中期至80年代中期第二代的生物学哲学家主要有贝蒂、贝多、布兰登、达丹、凯切尔、罗森伯格、萨卡、索伯等;从80年代后期至今第三代的生物学哲学家明显呈现出一种多元化的发展趋势,较之于前两代的研究者,第三代研究者的基数及研究内容都更加强大与完善，其中较为核心的代表有斯蒂芬斯、沃尔施、米尔斯坦、戈弗雷·史密斯、奥卡沙等。①第四，从论文论著的角度看，近几十年中生物学哲学的论文与论著都在飞速增长，每年不仅是在专业的生物学哲学期刊上有大量的论文发表，即便是在一般科学哲学的期刊中，也几乎每期都有生物学哲学的相关论文，如《科学哲学》《不列颠科学哲学杂志》等。

就国内而言，我国的生物学哲学是从生物学的辩证法开始的。新中国成立初期，由于受苏联理论界的影响，往往将哲学视为各门学科科学成果的一种总结。例如，"对于马克思主义者来说，不存在脱离和独立于科学的具有某种特殊'专门研究方法'的某种哲学化的部门。在马克思主义者的观念中，唯物主义哲学就是现代科学最新的和最普遍的结论"②就是一种很具有代表性的观点。当时，自然辩证法的研究规划草案中体现了这一方面的研究内容与方向。例如，在1956~1967年这12年的规划草案中就将有关生物学哲学的研究内容总结为：

> 对生命、进化等概念的哲学分析；进化论形成的哲学分析；生物运动的形态及其与其他运动形态的关系，生物科学内部的分类原则；对重要生物学家（如林耐、拉马克、达尔文、巴斯德、谢巧诺夫、巴甫洛夫、铁钦纳、米丘林、摩尔根）的世界观和科学方法的分析研究或批判；对"生物科学中的"唯心主义（生命现象问题上的神秘主义、生理学中的康德主义倾向、机械论倾向）的研究和批判；对生命起源和初始的生命形态的理论问题、有机体与环境的统一问题、物种与物种形成的理论问题、谢巧诺夫和巴甫洛夫反射理论、巴甫洛夫高级神经活动的辩证性质、高级神经活动与人的心理活动的关系、意识的发生与发展、随意运动的神经机制等的哲学分析。③

---

① 李建会. 当代西方生物学哲学：研究概况、路径及主要问题. 自然辩证法研究，2010，7：7-11.
② 孙慕天. 跋涉的理性. 北京：科学出版社，2006：56.
③ 自然辩证法（数学和自然科学中的哲学问题）十二年（1956-1967）研究规划草案. 自然辩证法研究通讯，1956，0：1-6.

可以看出，在当时，除了对生物学史及生物学一般性质的讨论以外，几乎对所有问题的研究都是以辩证唯物主义的方法与思想为纲领的。梁正兰在1956年的《辩证唯物主义诸范畴在生物学中的体现》一文中就充分地总结了辩证唯物主义在生物学研究中的各种范畴："在量变和质变范畴下，要讨论物种形成中是否存在爆发式飞跃、个体发育中量变质变的条件以及可逆性与不可逆性的问题；在矛盾范畴下，要讨论种内关系和种间关系中是否存在对抗性矛盾，要论证生物基本的内部矛盾、生物与环境的矛盾、生物遗传性改变的决定性因素以及生物发展的矛盾动力问题；此外还有内容与形式、必然性与偶然性和否定之否定等。"[①]这一时期相关的论文还有《有机体新陈代谢的辩证法》（沈同，载《自然辩证法研究通讯》1959年第8期）、《生物新陈代谢的矛盾》（李佩珊，载《自然辩证法研究通讯》1959年第8期）、《生物学支持"一分为二"》（方宗熙，载《自然辩证法研究通讯》1965年第1期）、《脊椎动物进化的过渡类型不是"合二而一"的》（吴汝康，载《自然辩证法研究通讯》1965年第1期）、《生物繁殖的辩证观》（黄天授，载《自然辩证法研究通讯》1965年第3期）、《生物进化的辩证法》（陈石真，载《前线》1965年第17期）、《生物进化的辩证法——生物在变又不变的矛盾中进化》（陈世骧，载《科学通报》1975年第5期）等。可以明显地看出，这些论义都充分体现了辩证唯物主义的研究方法与纲领。

然而，随着理论环境与外部因素的变化，在自然辩证法的理论框架下对生物学哲学问题的研究越来越少。直到20世纪80年代末90年代初，国内学者从之前对生物学的哲学问题的研究逐渐有了对生物学哲学问题的关注，如生物学的概念意义、理论结构、规律形式及自主性等问题。也就是说，在这一时期，国内对生物学哲学的研究由以前辩证法的传统，逐渐转变为分析哲学传统下的科学哲学的问题研究，如李建会、董国安等在当时发表的一系列具有代表性的论文。

---

① 梁正兰. 辩证唯物主义诸范畴在生物学中的体现. 自然辩证法研究通讯, 1956, 0: 69-71.

虽然，我国的生物学哲学研究起步较晚，很多工作都是以介绍与评述为主，但是，在短短十几年的时间中，也取得了一定的成绩。例如，从著作的角度来看，除了对西方著作的翻译，国内学者也出版了许多专业性的学术论著（表1.1）。

表1.1　国内有关生物学哲学的学术论著

出版年份	作者	书名	出版社
1998	董国安	生物学哲学——生物学理论的建构方法	哈尔滨出版社
2002	胡文耕	生物学哲学	中国社会科学出版社
2003	桂起权、傅静、任晓明	生物科学的哲学	四川教育出版社
2006	李建会	生命科学哲学	北京师范大学出版社
2007	曾健	生命科学哲学概论	科学出版社

二、语义分析方法在分子生物学哲学发展中的应用传统

虽然，单纯地通过语言去解决哲学的难题是不可能的，但是，语义分析作为一种研究的方法在科学哲学中的应用是普遍的、有基础的，也是有传统的。尤其是对于生物学哲学而言，由于在生物学中其概念结构的特异性，以及某些概念产生与发展的特殊性，语义分析方法在生物学中的应用也是有传统的。

1. 语义分析方法在科学哲学中的应用传统

（1）语义分析方法在科学哲学中的应用是有传统的

简单地讲，将语言的意义关联到语言以外的实体，就是语言学中的语义分析。也就是说，语义分析的过程就是分析语言的词、句、段，再到整个文章的意义和外在于这些语言之外的实体间的关系。但是，这种分析是对语言表达的知识以及外在于语言的实体的相关知识的共同分析，不仅包括对词语表达间关系的分析，还有在本体论上对实体构造的分析。换言之，"语义分析的过程就是理论的意义得以展开的过程，而意义的实现则是语义分析的完成"[①]。理论展开的过程统一了理论语言的表层结构与深

[①] 郭贵春. 语义分析方法的本质. 科学技术与辩证法，1990，2：1-6.

层结构，意义实现的过程则统一了语言及语言的相关对象。而语义分析的方法就是这种统一实现的传导。

从科学哲学发展的历史来看，20世纪30年代逻辑经验主义的盛行，就是对科学理论解释中语义分析方法应用的强调。他们通过对概念的语义分析去试图对不可观察对象的解释难题进行解决。因为，这样就可以单纯通过对概念的逻辑分析去实现对不可观察对象的科学认识，从而避免了其在经验证据上的局限性。所以，语义分析方法的使用，在逻辑经验主义发展的过程中是有其历史的必然性与合理性的。"到了20世纪50年代，伴随着逻辑经验主义的衰落，逐渐崛起的科学实在论也同样继承了科学哲学中分析哲学的传统。""而在当时，语义分析方法早已占据了分析哲学和解释学传统的核心地位。"在此之后，"修辞学又是语用学一个重要的研究层面，以至于导致了辛迪卡（Hintikka）的一句名言：'语义学建立在语用学的基础之上'"[①]。可以看出，语义分析的哲学传统始终都贯穿在20世纪科学哲学的"三大转向"中——语言学转向、解释学转向及修辞学转向。

（2）语义分析方法在科学哲学中的应用是有基础的

第一，公理化的形式表征是现代科学理论的一个显著特征，语义分析的方法为公理化形式表征系统的解释与说明提供了一种技术上的支撑，尤其是在面对远离经验的理论时，现代语义的逻辑分析所具有的优势是其他方法不能比的。第二，除了内在的公理化形式表征之外，对科学理论的解释还包括外在于这些形式化体系的意向特性问题，只有实现了内在表征与外在特性的统一，才是对科学理论的完整解释，而语义分析方法在这个问题的解决中发挥着关键的作用。第三，语义分析方法具有整体性和结构性的特征，这一特征在面对指称与意义关联性的问题时具有其内在的作用，因为，在科学理论的创建过程中，需要对整个理论的结构系统进行一个可理解的、整体性的解释，比如包括测量对象、测量仪器、经验现象、测量表征等的结构系统。第四，理论模型内在的自洽性是检验科学理论实验方

---

① 郭贵春. 语义分析方法与科学实在论的进步. 中国社会科学，2008，5：54-64.

法论的一个重要方面，而语义上升与语义下降的方法，对这一问题的解决也有其独特的方面。第五，语义分析方法的灵活性，可以使它不仅能够在单纯的语言层面上对科学术语进行归纳与演绎的逻辑分析，也能够与语用的因素相结合，从而实现对可观察及不可观察对象的语境化的分析。[1]总之，"对科学理论的语义分析过程，就是对该理论进行哲学解释的具体化过程。正是通过对科学理论的语义分析，使得哲学的立场、观点和方法在理论解释中获得了实现和具体化"[2]。因此，语义分析在科学哲学中的应用，可以使得科学理论的指称、意义、真理性等问题得到系统性、因果性地澄清。

2. 语义分析方法在生物学哲学发展中的应用传统

首先，概念的"语义不清"是生物学中一个十分常见并很恼人的问题。

在古希腊的时候，人们对事物表述的专业术语很少，这样就出现了一个术语往往被用来表述不同的事物。例如，柏拉图与亚里士多德都曾使用过 eidos 这个术语。但是，前者是一个本质论者，后者却只在一定程度上是本质论者。单就亚里士多德而言，也出现过有时候使用 genos 来表示属，而有时候却用它来表示种。因此，人们在理解亚里士多德的思想时往往会受到这种因素的影响。而后人在解读亚里士多德思想的时候，就会使用一些专业的词汇。例如，亚里士多德使用 eidos 表示个体的发育，而德尔布吕克（Delbruck）就使用遗传程序（genetic program）来对其进行解释。这样一来，当个体的发育具有目标定向时就是一种程序目的性，而不是目的论的。当然，这并不是要推翻古代作家的思想，而是使用现代的术语对其进行解释，从而使其更加明确。再比如，在接下来几章的内容中我们将讨论的几个分子生物学中核心概念的语义问题，它们在不同的理论发展时期都有不同的语义解释。甚至在同一时期，不同的生物学哲学家对同一个概念的语义解释都会有很大的不同。例如，现阶段我们对遗传密码的

---

[1] 郭贵春，杨维恒. 中心法则的意义分析. 自然辩证法研究，2012，5：1-5.
[2] 郭贵春. 语义分析方法与科学实在论的进步. 中国社会科学，2008，5：54-64.

语义解释，萨卡认为遗传密码在生物学中的使用仅仅是一种为了方便表达的隐喻式使用；戈弗雷·史密斯则认为遗传密码只有在蛋白质合成过程的理论框架中起到一个有限的理论作用，在这个理论框架之外，遗传密码不承担更多的作用；而梅纳德·史密斯则通过对信息概念的语义解释来辩护遗传密码在生物学中的应用。

很多时候人们都会对分子生物学中一些概念的简练与概括而感到惊讶。可以肯定的是，想要真正准确地、彻底地了解这些概念就必须对其进行详细的语义分析。只有通过具体的语义分析，分析清楚这些概念产生发展的过程（甚至包括其在发展过程中的一些错误假设），才有可能真正准确地了解它们。

其次，在生物学中，概念结构的特殊性使得语义分析方法的应用也较为突出。

在传统的科学中，建立定律是每一门学科发展的途径。然而，生物学的发展却不是这样的。生物学家通过对生物知识的概括与总结，形成一个个的概念结构。这些核心概念的发展与完善促进了生物科学的发展。或许有人会提出，每一个概念的发展最终都可以形成一个或者若干定律，它们之间的差异只是一种形式上的体现。然而，迈尔却不同意这样的观点，他认为即便两者之间可以转化，这种转化对实际工作中的生物学研究也并不会有什么好处。反而，概念比定律会更加灵活，也更具有启发性。例如，分类、种、类目、分类单位（分类群）等概念的发展与完善反映了系统生物学的进步与成熟；世系、选择及适合度等概念的提炼与发展标志着进化生物学的发展与完善；而分子生物学的发展与进步则伴随着基因、遗传密码、信息等核心概念的丰富与完善。可以说，生物学每一个分支的发展都离不开对其学科中核心概念定义的反复提炼与完善。

然而，在对这些概念进行提炼与完善的过程中，不可避免地会遇到很多问题。例如，有些新的概念在引入时，在科学内部会引起特别大的困难，比如选择概念、种群思想等概念的引入；有些术语在不同的学科中，甚至有的时候在相同的学科中会表示不同的概念，比如"进化"在人类学家与选择论者之间显然就表示不同的概念；有些概念随着学科的发展会表示几个概念，比如起初的"隔离"就包含了之后的"生殖隔离"与"地理隔离"；有些概念的定义在表述上会很难把握，随着生物学纵向理论的发展这些概念的定义会被反复地修订，比如基因、突变、个体等；还有些概念的意义依赖于理论结构及语义结构的层次性，比如信息的概念在单一的理论结构或语义结构中可以有比较明确的意义，然而，在语义的关联网络中，意义的关联难度及语义的关联性就很难被把握。

而语义分析方法，作为科学哲学中一种横断的研究方法，对这些问题的解决具有十分重要的作用。首先，语义分析的方法在解决生物学这种概念体系的问题中更具有灵活性；其次，"语义分析方法本身作为语义学方法论，在科学哲学中的运用是'中性'的，这个方法本身并不必然地导向实在论或反实在论，而是为某种合理的科学哲学的立场提供有效的方法论的论证"[1]。"语义分析方法在例如科学实在论等传统问题的研究上具有超越性，在一个整体语境范围内其方法更具基础性；最后，作为科学概念的表述与其自身所处的理论框架是无法分割的，而这个无法分割的整体性就充分体现在其理论表述的语义结构之上，所以，对其理论逻辑合理性的语义分析也是对其理论真理性的一种验证。"[2]同时，在具体的生物学哲学研究中，有许多学者，如迈尔在《生物学思想发展的历史》中对种群思想与本质论及目的论等问题的分析，赫尔在《生命科学哲学》中对物种概念的分析，斯特瑞尼对基因性质的分析，梅纳德·史密斯对信息概念的分析，凯切尔对遗传密码的分析，以及贝蒂、劳埃德（E. Lloyd）、汤普森（Thompson）等，也都自觉或不自觉地通过对语义分析方法的使用推动了生物学哲学这一学科的长足发展。

总之，无论是从科学哲学的角度，还是从生物学自身理论结构的角度而言，语义分析方法在生物学哲学中的应用都具有非常重要的意义。

---

[1] 郭贵春. 语义分析方法与科学实在论的进步. 中国社会科学, 2008, 5: 54-64.
[2] 郭贵春, 赵斌. 生物学理论基础的语义分析. 中国社会科学, 2010, 2: 15-27.

第二节　分子生物学哲学中语义分析的本质与意义

理论远离经验是分子生物学发展的一个重要特征。在这样的一个背景下，语义分析方法，作为科学哲学中一种横断的研究方法，在分子生物学理论的构造、理解及解释方面，都具有十分重要的意义。在对分子生物学理论研究的过程中，语义分析的方法能够有效地将其概念结构与其理论解释有机地结合在一起，从而加强人们对其理论的思考与认识。因此，语义分析的方法，在生物学研究的领域中，对其理论的构造、理解及解释等都具有十分重要的方法论意义。

一、语义分析的本质——语境论的语义分析

从哲学上讲，将语义分析作为一种研究的工具可以追溯到柏拉图与亚里士多德。如果从更为专业的角度来讲，现代逻辑语义分析的使用则始于美国与德国的逻辑学家——皮尔斯（S. Peirce）和弗雷格（G. Frege）。那么，究竟何为语义分析的本质呢？

其实，当一个理论被提出时，就形成了对其进行语义分析的基础。然后，我们在这个基础之上对其意义进行哲学的或者科学的分析。换句话说，一个理论的形成就意味着一个语义分析框架的确定。在这个框架之内存在着一种语形与语义间的有序对应。其中，语形构成了科学理论的基本句法，而语义分析构成了科学理论的说明结构。语义分析的具体功能就体现在其对科学理论的说明过程中，如对指称的确定、意义的实现及真值的判断等。罗姆·哈雷（R. Harre）曾经就列举过玻尔（D. Bohr）的氢原子模型。他指出在玻尔的模型中本身就存在一个语义分析的框架，因为对微观粒子运动的解释就内在地包含于他的模型之中。玻尔指出，核外电子绕

着原子核在一些特定的轨道上作圆周运动，电子距离原子核越远所具有的能量就越高；电子所处的轨道是由其角动量所决定的，并且角动量必须是 $h/2\pi$ 的整数倍；当电子处于某一个轨道上时，它所具有的能量是不变的，但是，当电子从一个轨道跃迁到另一个轨道时，它就会吸收或者放出能量，并且释放或者吸收的能量是单频的，频率与能量之间的关系满足 $E=h\nu$。可以看出，玻尔的原子模型理论本身就构成了电子运动的图景。"这个理论模型就是电子运动在语义学上前后一致的解释。"[1]因此，毫无疑问的是，语义分析实际上就客观地存在于科学理论的构建和说明之中。任何理论的意义实现都离不开语义分析的过程，而语义分析的过程又是建立在语形表达的基础之上。

但是，显而易见的是，我们对每一个理论的语义分析都不可能是无边界的。因为，任何一个理论都存在其逻辑的自洽性，其中的基本描述语言也都有其特定的规则与定义，语义分析的实现都是以这些为前提的。其次，语义分析的性质存在多重性，对同一理论的语义分析，可能会由于解释者的哲学立场不同而产生不同的语义性质，如实在论者与非实在论者对许多问题的分析。

虽然，每一个科学理论都包含着一个内在的语义分析框架，而语义分析方法也都是在这个框架的形成与说明中展开并完成的。但是，需要注意的是，从20世纪80年代开始，语义分析的方法已经由最初规范语义学、自然语义学中纯的概念分析，发展成一种整体的语义分析。在这种整体的语义分析方法下，科学术语的意义实现，不仅依赖于语言学层面的逻辑演算，也依赖于科学术语所处理论的整体结构。也就是说，单纯地对科学术语的逻辑演算，并不能完全实现对其意义的理解。意义上的同一性并不能单纯地通过逻辑上的等价性来实现。在对科学理论的说明与解释中，我们不仅要重视对语形的逻辑分析，更要在逻辑分析的基础之上去整体性地把握科学术语的意义。因为，科学理论的语义结构是由其语形表征与语义和

---

[1] 郭贵春. 语义分析方法在现代物理学中的地位. 山西大学学报，1998，1：12-19.

语用之间的关联性构成的。在这个关联性的结构即语境中，语形、语义及语用共同决定了科学理论的意义实现。"语义结构分析的模型化，便使真理的表征与实在世界的说明内在地联系了起来，架起了实在论的真理性说明与对象世界分析之间的方法论的桥梁。"①即对科学理论的语义分析应该是与其语形分析和语用分析结合在一个特定的语境中进行。而这种语境化的语义分析不仅可以实现指称理论与意义理论的统一，也能够通过语境的因素为各种不同的语义分析模型建立一个共同的对话平台，从而将理论解释的有效性最大化。否则，不同的语义现象之间就是分裂的、狭隘的、不可通约的。也就是在这样的基础上，我们提出，语义分析的本质应该是一种语境化的语义分析。

二、语义分析方法在分子生物学理论中的功能

"语义分析的本质并不是一个语言分析的问题，而是一个科学理论的构造问题。"②这是普特南曾经说过的一句名言。也就是说，对一个科学理论的语义分析并不仅仅只是在语言表述的层面对其逻辑形式及语言意义的分析，而是要同时刻画其具体的、实在的物理系统，语义分析的实现就是在理论逻辑形式与实在系统的一致性上建立的。而在这种一致性建立的过程中，实现了语义分析的展开及科学理论的构造。

具体到分子生物学理论研究的过程中，语义分析的方法至少可以有以下两个方面的功能——对分子生物学理论的构造功能与解释功能。其中构造功能对应于分子生物学模型理论的语义分析，而解释功能则对应于分子生物学证明理论的语义分析。也正是构造功能与解释功能的有机统一，实现了语义分析在分子生物学理论研究中完整的方法论功能。接下来，我们结合分子生物学的具体理论，详细探讨语义分析方法在分子生物学理论研究中功能的几种具体体现。

第一，语义分析的方法对于分析生物学中概念指称的确定是一种十分

---

① 郭贵春. 语义分析方法与科学实在论的进步. 中国社会科学, 2008, 5: 54-64.
② Putnam H. Mind, Language and Reality. New York: Cambridge University Press, 1984: 141.

重要的途径。"科学概念的本质就在于它是理论对客观实在进行语言重构的基元，是科学理论的形式化体系与实体对象之间的一致性的体现。"[1]分子生物学的概念同样如此。因此，对分子生物学理论构造及意义阐释的基础就是精确地确定分子生物学概念的指称。例如，如何去构造基因理论及阐释基因概念的意义，其前提就在于首先要精确确定基因概念的指称。因为，指称才是连接客观世界与词语表达之间的枢纽。同样，也只有确定了特定语境下基因概念的所指，才能构造与解释在这一语境下基因概念的意义。而在这个过程中，语义分析的意义就在于它统一了基因概念的能指与所指之间一切可观察的及不可观察的联系。当然，这种联系并不是一种外在的、经验的或者直觉的，而是通过语义分析的方法建立的一种内在的、具体的、本质的关联。这种内在的、具体的、本质的关联确定了基因概念与指称间一致性的统一。基因概念的语形表达与实体定位之间，就在这种一致性的统一之间实现了相互转化。

如果从科学实在论的角度来看，这里的指称指的就是基因概念与实体间的一种具体的关联，而不是概念与世界之间，或者概念与句法之间，以及概念与现象之间的抽象的、形式化的、经验的关联。因此，在科学实在论的基础上，通过理性的语义分析的方法去确定分子生物学概念的指称，"不仅可以摆脱和批判各种机械论、经验论和工具论因在逻辑上节节后退而最终消除语义的困境，从而寻找一条坚持生物实在论的合理途径"[2]。

第二，语义分析的方法对于分子生物学命题语义图景的阐释是一种重要的方式。从语义的角度来讲，任何一个分子生物学理论所处的生物系统都不是唯一的，某个确定的生物系统都仅仅只是其相关理论域中的一个子集。因为，与任何一个生物理论相关的生物系统都是一个相关生物系统的集合，而不是某一个确定的生物系统。例如，在分子生物学中，通过中心法则（图 1.1）来表示核酸与蛋白质之间的相互关系。然而，具体到某一个特定的碱基链而言，它是由 DNA 所表征的所有生物特性集合中的某一

---

[1] 郭贵春. 语义分析方法与科学实在论. 社会科学战线，1992，1：42-48.
[2] 郭贵春. 语义分析方法与科学实在论. 社会科学战线，1992，1：42-48.

个特定的生物特性。也正是在这样的基础上，才可以用"中心法则"这样的一个形式语言的系统的命题，来描述相关的一个具体的生物系统，从而来表征核酸与蛋白质之间关系的语义图景。在这里，生物命题在句法上的精确性和逻辑性与生物系统在实体上的客观性是完全统一的。生物命题所表征的语义图景的实在性是由生物系统的客观性所保证的，而生物系统实在的图景是由生物命题语义显露与逻辑再现所描述的。因此，生物系统与生物命题之间的语义关联是通过语义分析的方法，在一定的条件下，实现其具体和确定的意义阐释。而生物系统与生物命题之间的相互统一就形成了特定生物命题的整体的语义图景。所以，语义分析方法是阐释分子生物学命题语义图景的一种重要方式，是联结生物系统与生物命题之间一条重要的逻辑链条。

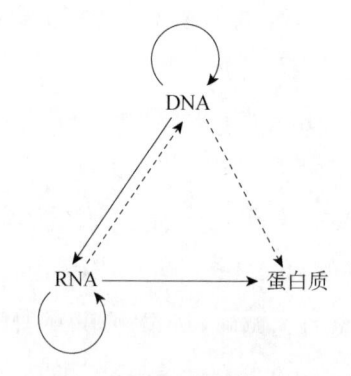

图 1.1　分子生物学中的中心法则

第三，语义分析的方法对于分子生物学理论形式化体系的逻辑构建是一个重要的基础。正如萨普（Frederich Suppe）所言："对一个科学理论的建构，就是给出该理论的真命题的集合。"[1]对于一个理论的构建而言，"语言的描述是必要的，但并不是充分的；科学理论并不等于它们的语言形式。恰恰相反，它们是具有特殊规定性的'超语言的实体'"[2]。

---

[1] Suppe F. The Semantic Conception of Theories and Scientific Realism. Chicago：University of Illinois Press，1989：87.
[2] 郭贵春. 语义分析方法与科学实在论. 社会科学战线，1992，1：42-48.

在分子生物学的理论研究中，研究对象的抽象性及结构性特点，使得语义分析方法的这一作用对于分子生物学的理论体系更为重要。首先，从形式上来看，分子生物学的绝大多数理论存在的形式都是一种抽象的模型结构，但是这种抽象的形式化的模型结构无形中扩大了其理论解释的语义空间。并且，理论模型的抽象程度与其语义解释的空间成正比，理论模型越抽象，语义解释的空间就越大，给出的信息量也就越大。对于理论远离经验的分子生物学，它的每一个逻辑结构都存在着许多种的逻辑重构形态。其次，从结构上来看，这种理论远离经验的抽象性，使得分子生物学的研究对象具有十分明显的结构性。分子生物学的研究对象绝大多数都超越了人们的感知范围，所以，在对其研究的过程中，研究者们往往需要借助于其他学科中已经形成的先验公理或者需要借助于由其他已知理论所制成的仪器。进一步讲，由这些仪器所得来的数据还要依靠这些仪器所依据的公理来转化成研究者所需要的数据。也就是说，这些其他学科中先验的公理以及这些实验仪器所依据的理论都是分子生物学理论成立的前提条件。因此，在对分子生物学理论解释的过程中就必须融入其他学科中的这些公理或理论前提，而被确定的分子生物学理论在以后的研究中又可以成为其他理论的前提。例如，中心法则提出的前提条件就是 DNA 双螺旋模型的建立以及碱基配对原则的发现，而中心法则的成立又成为之后基因组研究的一个理论前提。所以，人们对分子生物系统的认识与对分子生物系统的表征之间是对应的、统一的。随着人们对分子生物系统认识的不断深入，其表征系统也在不断扩展。而正是在这种扩展中，确立了分子生物学理论的结构特征。分子生物学理论关系图如图 1.2 所示。

综合以上两点，我们说语义分析方法在逻辑地构建分子生物学理论形式化体系的过程中具有十分重要的联网功能。

第四，语义分析的方法对于分子生物学理论解释在经验上满足合理性是一种重要的保证方式。所有的科学理论都是通过科学语言来表达的，而这种理论表达的合理性就在于其经验上的有意义性。分子生物学理论的发展早已使得其研究领域远远超出了人类的经验范围。在这样的情况下，分

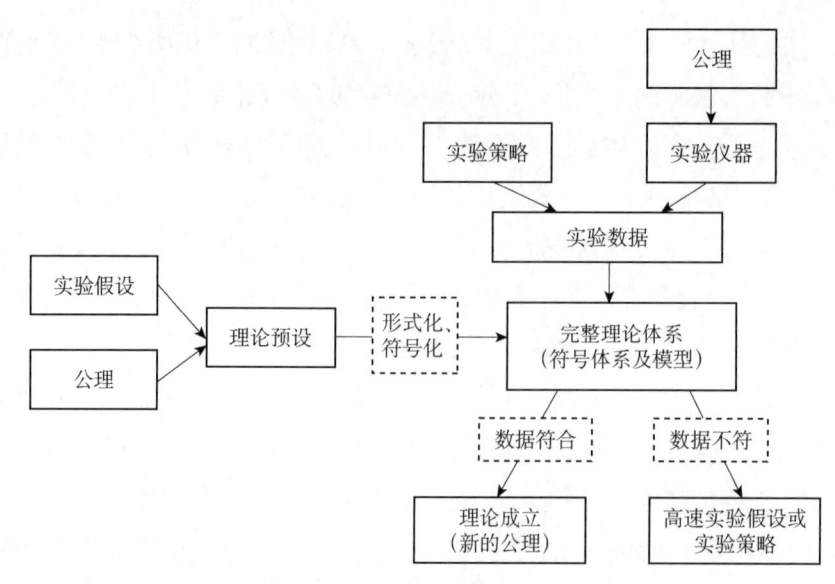

图 1.2　分子生物学理论关系图

资料来源：郭贵春，赵斌. 分子生物学符号体系的产生及其特点. 科学技术与辩证法，2007，6：35-39

子生物学语言的选择就对分子生物学理论的进步与发展起着十分重要的作用。在远离经验的情况下，如何去解释分子生物学理论在经验上的有意义性与合理性，一种十分重要的保证方式就是语义分析方法。例如，在分子生物学中，由于其理论结构的特殊性其语言表述也具有明显的结构性。分子生物学层面的很多表述都沿用了生物化学或者 X 射线晶体学等基础学科的表述，而生物化学层面的许多表述又都沿用了更基础的学科物理学或化学的表述。这样一来，各层次之间就形成了一种有逻辑的整体的结构体系。不同的层次之间既相互联系又相互制约。尤其是低层次的语言表述会更多地影响高层次的学科理论。如何去保证这个结构体系的整体性与功能性以及不同层次的理论在经验上的合理性？语义分析的方法是一种很重要的方式。对于低层次语义解释的实现是保证高层次的理论表述的基础，对于不同层次科学语言的语义分析是保证不同层次间理论合理性的基础，而对于基础的层次而言，语义分析的方法更是"要在测量系统、测量现象、测量事实与理论的形式化表征之间，给出确定的语义关系，从而保证理论在测量经验上的合理性和完备性"[1]。

第五，语义分析方法对于分子生物学理论真理性的揭示是一个必要的条件。正如前文所言，语义分析的过程就是对分子生物学理论构造的过程。这个构造的过程与具体的生物过程内在地相关，正是这种相关性使得理论表征的真理性与语义分析方法的可靠性之间保持了一种统一。而只有在这种统一的基础上，基因、遗传密码、遗传信息、线粒体、中心体等概念的表征才具有特定的实在意义。所以说，语义分析的对象——分子生物学理论——与其表征的具体生物过程之间是统一的。这就是说，我们对分子生物理论的分析过程并不是一个简单的形式化的过程，而是一个人与生物事件之间互动过程。在这个互动的过程中，人们通过抽象的方式，用一种约定的语形表达去表征各种具体的事件与实体。但是，我们要指出的是，这里的语义分析并不是一个静态的分析过程，而是一种动态的过程。因为，"第一，它把静态的概念赋予了深刻的动态的意义和哲学特征；第二，它使抽象的逻辑形式产生了活的、内在的联结力量；第三，它构成了理论和语义分析之间结构上的统一性，从而产生了对实在的语言重构；第四，它筑起了实在与理论之间的链条和解释的环节"[2]。

"也正是这种一致性，证明了'真理的概念是语义分析的核心'。"[3]就像在分子生物学中，语义分析的真正目的正是对分子生物学理论表征与研究实体之间本质关系的探讨。在这个过程中，语义分析的性质是与分子生物学理论的具体表征、具体解释与具体使用所联系的。也就是说，在分子生物学的理论研究中，任何语义分析的过程都是必然地与生物学理论语言表述的真理性条件密切相关。具体的关系可以用图1.3来表示。

所以我们说，语义分析的方法并不是单纯的形式上的结构分析，而是保证生物学理论真理性的一个必要条件。生物学理论的意义与生物事件之间的一致性以及语义分析的内在功能与其合理性共同决定了生物学理论的

---

[1] 郭贵春. 语义分析方法与科学实在论的进步. 中国社会科学, 2008, 5: 54-64.
[2] 郭贵春. 科学理论的语义分析——科学实在论的重要研究方法. 社会科学研究, 1991, 3: 47.
[3] Ernest L. What model thoretic semantics cannot do? Synthese, 1983, 54 (2): 167-187.

真理性。

```
理论意义  ┐
          ├ 一致性 + 语义分析的功能 ┬ 分析目的实现
客观实在  ┘                        └ 分析方法的优点
                    理论的真理性
```

图 1.3　生物学理论的真理性与语义分析的关系图

三、语义分析与分子生物学实在论

　　科学的实在论与反实在论一直以来都是科学哲学中讨论的一个核心问题。尤其是在 20 世纪 60 年代，科学哲学发生了历史学转向以后，科学实在论与反实在论之间的争论一直都是科学哲学中最引人注目、最激烈并且最持久的一个论题。科学理论是否能够为客观存在的实在世界提供一种真理性的描述？如果可以，那么是否就意味着理论实体的本体性问题应该被相信？这些问题被不同的科学哲学家不同的角度及不同的方式反复讨论。然而，通过对科学哲学历史的分析，我们可以发现，语义分析方法对于这一论题的解决与融合具有十分重要的方法论意义。

　　从科学哲学的发展历史来看，20 世纪初期，科学哲学的语言学转向将语言学的分析方法全面引入科学哲学的分析中。当科学哲学发展到 20 世纪 30～40 年代的逻辑经验主义时，他们同样强调对科学理论解释中语义分析方法的应用。因为，在解决不可观察对象的解释难题时，语义分析的方法更能超越直接可观察证据的局限性，通过逻辑语义分析的途径达到对不可观察对象的科学认识和真理。而当科学哲学发展到 20 世纪 50 年代的科学实在论时，他们同样没有彻底摒弃分析哲学的传统。因为，任何理论都无法逃避语言描述与实体本质之间的关联，也同样无法避免可观察对象与不可观察对象之间的差异。而在解决这些问题的过程中，语义分析的方法永远都是不可规避的。所以，在面对实在论与反实在论争执的问题中，语义分析方法的应用始终是"中性的"。

除此之外，语义分析方法作为一种具体的形式分析方法，不仅对科学理论有构造与解释的功能，也能够对科学理论的本体论特征进行一种更抽象、更本质的反映。萨普说过："对一个科学实在论者来说，对于理论的完全哲学的理解要求形式和非形式的研究的明智的结合；而且，在这种结合中，语义分析的方法已被证明是'最有前途的'。而摒弃一切形式方法的态度，正是传统机械实在论的弱点。"①从这个角度讲，语义分析的方法能够有效地与其他科学实在论的研究方法相结合，从而形成对科学理论更完整的分析。

在分子生物学中，同样也充斥着实在论与反实在论的问题。例如，在面对遗传信息的讨论时，我们不得不去考虑的问题就有：遗传信息的本体性究竟是什么？它仅仅只是一种语言上隐喻描述的工具，还是确实是一种真理性的描述？基因是否具有遗传信息的这种属性……当然，我们可以从其他很多角度去对它们进行讨论和研究。但是，可以肯定的是，无论是实在论的还是反实在论的，在分子生物学中这些都是十分重要的问题。

在前面的论述中，我们讨论了语义分析方法在分子生物学理论研究中的功能，表明了对任何生物学理论的哲学解释都不能完全地脱离语义分析方法。语义分析方法是对分子生物学理论哲学解释的一种强化，对分子生物学理论的构造与解释都具有十分重要的意义。然而，从科学实在论的角度来看，语义分析方法在对分子生物学理论的哲学解释中也具有重要的意义。

首先，通过对分子生物学理论的语义分析，可以真正地丰富与完善分子生物学理论中核心概念的哲学概念，在其科学概念的基础上去反思与考究这些概念的哲学意义。例如，通过对遗传密码、遗传信息等概念的语义分析，就可以促使生物学哲学家们去思考更多的关于这些概念的实在论问题，进而就更加深化了分子生物学的理性思维。其次，在面对一些复杂的分子生物学概念的实在论问题时，语义分析的方法更加具有灵活性。再

---

① 郭贵春. 科学理论的语义分析——科学实在论的重要研究方法. 社会科学研究, 1991, 3: 43.

次，分子生物学中的许多概念都超出了人类的经验范围，然而对这些概念的语义分析，更加清晰地表明了语义分析的方法在解决不可观察对象的问题时，也是一种十分有效的方法。最后，语义分析方法在分子生物学中的应用，也向人们表明了，科学实在论的研究方法应该是多元化的，而不是僵化的。

综上所述，我们说语义分析的方法在科学哲学中的应用是有传统的，同时也是"中性的"，它能够为科学实在论与反实在论的斗争与融合提供一个新的对话平台。但是，必须指明的是，语义分析的方法也只是科学哲学研究方法中的一种方法，我们一定不能过分片面地、绝对地强调它的功能，否则就会导致一种语义主义的极端。

本章小结

20世纪六七十年代开始，生物学哲学作为科学哲学的一门子学科，在科学哲学的领域中异军突起。无论是由于传统科学哲学自身发展产生的危机，还是反实证主义与反还原主义的思潮对传统科学哲学的挑战，抑或是由于20世纪五六十年代科学哲学作为一门学科的专业化运动导致了生物学哲学的产生，生物学哲学中包含的许多问题对人们原有的以物理学哲学为基础的认识论和方法论都提出了挑战。本章首先讨论了生物学哲学产生的背景，并简单阐述了国内外生物学哲学的学科现状。之后，论证了语义分析方法作为一种"中性"的语义学研究方法以及横断的科学哲学研究方法在科学哲学中的应用，既具有传统性，又具有坚实的基础。同样，对于生物学哲学而言，概念的语义不清、概念结构的特殊性等原因使得语义分析方法在生物学哲学中的应用也既具有重要的意义，又具有其传统性。然而，需要强调的是，这里的语义分析应该是一种语境化的语义分析。对任何理论或概念的语义分析，都无法脱离其形式语境与语用语境。而这种语境化的语义分析是确定分子生物学概念指称的一种重要途径，是阐释分子生物学命题语义图景的一种重要方式，是逻辑地构建分子生物学理论形式化体系的一个重要基础,是满足分子生物学理论解释在经验上具有合理性的一种重要保证方式,是揭示分子生物学理论真理性的一个必要条件。最后,语义分析的方法对于分子生物学中实在论与反实在论问题的解决与融合也具有十分重要的意义。

第二章 基因概念的语义分析

基因作为分子生物学中最重要的概念之一，从其产生至今已经经历了一个多世纪的发展。伴随着这一个多世纪中科学技术突飞猛进的发展，人们对基因结构和功能的研究也取得了重大成果。然而，基因究竟是什么，人们到底应该如何定义基因，却在这些不断出现的成果面前变为一个大难题。

正如迈尔所说："学习一门学科的历史是理解其概念的最佳途径。只有仔细研究这些概念产生的艰难历程——即研究清楚早期的、必须逐个加以否定的一切错误假定，也就是说弄清楚过去的一切失误——才有可能希望真正彻底而又正确地理解这些概念。"[①]因此，本章将从基因概念语义变迁的发展史开始分析，尝试厘清基因概念发展过程中的语义变化，以期对基因概念本质的讨论有所帮助。

第一节　基因概念的语义变迁

遗传和变异是生命有机体的基本现象之一。长期以来，对遗传和变异机制的探讨和争执，一直为人们所关注。究竟是从什么时候开始，人类就意识到性状特征世代相传和遗传的问题，这无史可查。但是，史前期人类对家禽、家畜的驯养，说明从那时起人类就已经开始有意识或无意识地注意性状选择。直到古希腊时期，人类已经能够很明确地意识到进化和遗传的问题。

在这里我们主要讨论基因语义变迁过程中的三个阶段：古希腊时期人们对遗传问题的主要观点和认识；从19世纪60年代后颗粒遗传学说提出，到DNA双螺旋结构发现过程之间的五个经典案例；DNA双螺旋结构发现之后，当代分子生物学中基因概念语义的发展。

---

① 恩斯特·迈尔. 生物学思想发展的历史. 涂长晟等译. 成都：四川教育出版社，2010：14.

一、古希腊时期人们对遗传问题的主要观点和认识

古代关于遗传概念的意义与现代的遗传概念是完全不同的。遗传只是指生育具有相同特性或相似特性的同类后代。这是无法用现代生物学的词句来解释的。古希腊初期，遗传的概念包括了体质和精神这两方面的特征。到了希波克拉底、亚里士多德及他们之后，人们注意到特性、畸形和疾病等的遗传问题。在古希腊哲学中，这类问题是同生殖及男女双方在生儿育女中所起作用等臆想紧密结合在一起的。但是随着医学，特别是解剖学知识的发展，逐渐澄清了关于男女配偶在生殖、受精中所起作用的这类观点，以及性分泌物对新个体生成的重要性的观点。古希腊人就试图对这种现象给予哲学的说明。其中最具代表性及影响力的有希波克拉底学派的泛生理论以及亚里士多德的内在目的论的论题。

1. 希波克拉底学派

希波克拉底及其学派中的许多人提出了一个原理，即生殖物质来自身体的每一个部分。这一新的原理为研究遗传问题提出了许多完全不同的方法。他们着重强调生理活性液体（体液）是遗传性状的负荷者。例如，《遗传学史——从史前到孟德尔定律的重新发现》一书中就写道："男性精液是由体内所有体液形成的""精液是从身体的硬的和软的各个部分中抽取出来的，是从体内各种体液中抽取出来的。体液有四种：血液、黏液、黄胆和黑胆，它们都是与生俱来的。它们是疾病的来源"[①]。从以上的文字就可以看出，当时人们认为体液可以把双亲的性质传递给发育的孩子。同时，他们还提出了与早期学说相反的一个观点："男子和妇女都有参与男女性别形成的生殖物质。"两种性别在功能上是相等的，它们以同样的方法对精液的形成起作用。

可以看出，当时的这些说法已经很接近当代遗传学中关于性别决定的两种根本性见解：生殖物质和性别决定因子具有发育成任何一种性别的潜

[①] 亨斯·斯多倍. 遗传学史——从史前到孟德尔定律的重新发现. 赵寿元译. 上海：上海科学技术出版社，1981：31-32.

力。更重要的是，从这些说法中我们可以看到，在公元前 500～公元前 400 年，希腊人关于科学思想的方法已经发生了明显变化。对于遗传的问题而言，他们已经从最初的哲学猜测开始，逐渐发展到对客观规律的认识。遗传物质的概念也由最初的完全臆想，发展到精液将双亲的可遗传特征传递给下一代。

希波克拉底学派泛生理论的提出，为遗传问题的研究提供了一个新的角度。虽然这一理论最终也被推翻了，但是在这里需要强调的是，科学概念的发展总是具有一定的连贯性。很多时候，旧的理论并不总是被彻底否定，而是会经过一定的修改，从而得到进一步的推广。例如，1886 年达尔文提出的泛生论假说，就是对希波克拉底学派泛生理论的修改和推广，从而使这一理论达到了顶点。最后被魏斯曼的种质连续性假说所推翻。

2. 亚里士多德

亚里士多德是第一个对泛生理论提出批判的思想家。他认为泛生理论不能解释上几代如祖父母的特征也可以遗传下来，也不能解释上下代之间在声音、指甲、毛发和行走姿态方面的相似等。他根据自己的经验和观察提出了内在目的论的论题，并强调用辩证的术语进行概念分析。他强调："一个个体的发育途径是由这个个体的内在本性决定的；个体的本性是由个体发育的途径所决定的说法是不正确的。确切地说，一个个体的本性，按照它先天赋有的规律去决定发育的过程。在这个过程中，个体的本性也就得以实现。"[①]他把支配一个个体的本性的动力原理称为"形式因"。正是这个形式因在发育过程中控制了物质，并使物质成型。与柏拉图的外在目的论不同，柏拉图假定一个超自然的存在，有一个主宰宇宙的万能的上帝。但是，亚里士多德认为，自然是具有内在目的的，宇宙是一个有机的统一整体，它的一切创造物是合目的性的。例如，亚里士多德在《动物学》一书中对鮟鱇鱼进行了讨论。他认为鮟鱇鱼就是目的论的一个活标本，比如，它眼前的几根末端呈圆形的须子，就类似于钓鱼的钓饵，而解

---

① 亨斯·斯多倍. 遗传学史——从史前到孟德尔定律的重新发现. 赵寿元译. 上海：上海科学技术出版社，1981：31-32.

释鮟鱇鱼为什么长这些须子的原因就是它为了钓到小鱼,如图 2.1 所示。还有燕子做窝、蜘蛛结网、植物长叶子等,无意图也可能有目的。①

图 2.1 鮟鱇鱼——目的论的活标本

通过对亚里士多德的分析,我们可以发现,他提出的"先天赋有的规律"或"形式因",本质上已经很类似于现代遗传学中的 DNA 指导蛋白质合成的遗传程序。这一点是亚里士多德与他的先驱者所不同的。之前的人们只是注意性别的区分和子代与亲代相似的程度,而亚里士多德已经开始注意特殊性状和一般性状的遗传本性,并试图用精液传送的运动成分所固有的不同结合力来加以解释。

亚里士多德对遗传理论的另一个创新是,他首次将先天的、能动的运动归因于母亲月经血中所含的物质。在此之前,月经血仅仅是被动得到的、接受形式的本原,精液才是能动地起作用的、赋予形式的本原。这样一来,形式因和物质之间的对立就变得模糊了。

总而言之,亚里士多德对遗传问题的主要贡献是他从目的论的角度,对古希腊时期有关生殖与遗传的各种思想进行了系统的论述。将遗传的概

---

① 亚里士多德. 物理学. 张竹明译. 北京:商务印书馆,1982:65.

念由最初的只关注生殖物质和性别决定因子，推进到尝试对遗传程序的思考。

二、从泛生论到 DNA 双螺旋结构

自古希腊之后，人们对遗传问题讨论的重点一直没有离开弄清楚人和动物精液的来源，以及性在生殖、受精和遗传方面的作用。随着解剖学和外科学的发展，17世纪的哈维发现血液循环的动力学，扩展了人类关于生理学的知识，促进了人类对胚胎的认识；随着显微镜技术的发展，一些生物学家提出了遗传机制的预成论和渐成论假说等。这些认识及假说在人类认识遗传物质及遗传机制的过程中都曾起到过积极的作用。但是，所有的这些讨论都没有脱离形而上学的意念层面。直到19世纪60年代，生物学家和遗传学家从各自工作的立场出发，提出了颗粒遗传学说，使得人类对遗传问题的认识实现了突破。我们主要通过以下的五个案例来讨论这一阶段中基因概念的语义变迁。

1. 遗传变异和进化因果关系解说的特设性假说——达尔文的泛生论

达尔文的泛生论是早期粒子性遗传假说的典型代表。原本他想给获得性状遗传理论提供一种"合理性"的说明。但是，由于他的立论缺少假说的基本前提，他用思辨的方式——芽球——来建立他的遗传和变异机制的观点。这使得他的泛生论成为不具备可检验性的特设性假说。这里，我们先分析达尔文建立泛生论的思想。

最初，达尔文对遗传机制问题的观念接受融合遗传学说。但是，英国的工程师弗利明·詹金（F. Jenkin）对达尔文的诘难使得他最终走向了泛生论。詹金指出"融合遗传"会使个体产生的变异在经过多代遗传后被逐渐淹没，从而就使得自然选择在选择的过程中最终又失去了选择的对象。这使得提出自然选择的达尔文认识到，必须寻找另外的理论合理地解释遗传和变异机制。

19世纪60年代，生物学家习惯上应用自己的材料和过去的实践家或理论生物学家提供的材料建立假说。他们通过对生物与环境的相互作用和

对繁殖过程中发生的一些外在现象的观察，进行一些简单的数据记录与分析，然后使用归纳的方法将这些外在的表面现象推演为生物体内在的本质属性。这种狭隘的归纳主义直觉知识的结论（获得性遗传学说）被绝大多数生物学家所接受。但是，环境条件或器官使用究竟在多大程度上影响到有机体，以至于把它们看做是遗传和变异的机制，一直被生物学家争论不休。现代遗传学之后，人们才了解到遗传因子通过有机体与环境因素相互作用下发育成相关的表现型，而表现型的变化被限制在基因决定和控制的范围之内。同时，怎样解释新的获得性状能不变地遗传下去、器官的使用和不使用效应、返祖现象、断枝再生、杂种的产生这类问题已经远超出了借助于经验材料归纳来的获得性状遗传假说的范围。也正是在这类问题的基础上，达尔文提出了泛生论。

达尔文泛生论假说的基本内容可以简单地概括如下："有机体细胞除自我增殖形成身体各种组织外，还会放出有自律能力的芽球，它们散布于有机体整体中；芽球从有机体系统的各个部分汇聚起来形成生殖质要素，它们在下一代发育成为个体；芽球的发育取决于同正在发育中的初发细胞的结合，它们的渗入能改变原有的初发细胞内容，但芽球本身不能独立形成新的细胞，有的芽球不发育，借自我分裂增殖，它们能隐伏下来呈休眠状态，这些隐伏的芽球在哪一代再发育，则取决于它们和局部发育细胞的结合状况，有些不相结合的芽球会长期隐伏下去，经过许多代以后再与初发细胞结合；芽球得到充分营养时就自我分裂而增殖，产出与己相同的芽球，类似细菌那样高速繁殖；芽球的化学结构是若干个分子，所以体积很小，每个细胞的发育都有若干个芽球参与，它们改变初发细胞的内涵；芽球对细胞具有特殊的选择力和亲和力，断枝再生就是芽球凭借亲和力与特殊细胞发生特定作用的结果；芽球的聚合形成性生殖质要素，不同性别的性生殖质要素其效应是相同的；在杂种后代中，哪类性状占优势，要取决于该性状的芽球的数量、活力、亲和力和较其他芽球更优越等各种特性。生物变异有两个原因：其一，当生活条件改变时，直接影响到生殖系统，产生有害影响而发生变异，这时来自身体各部分的芽球以不规则方式集合起来，它导致某些芽球过剩，某些芽球过少，有的转位，有的休眠芽球重新发育，虽然芽球自身未发生变化，却因前述条件使生物发生彷徨变异；其二，生活条件变化有时对有机体各部分发生直接影响，或因器官的使用或不使用导致有机体各部分及细胞结构的最后改变，使有机体各部分发放改变了的芽球，这类芽球逐代传递，当它们同初发细胞结合和发育时，成为了变异的性状。"①

显然，在我们现在看来，达尔文的泛生论不过是一种猜测性的陈述。他根据对遗传现象的记录和分析思辨性地提出"芽球"作为泛生论的基础，这是完全不具有可检验性的。但是，他使用芽球的产生、增殖、变异、集合、分离等对生殖法则的解释在当时无疑是有意义的。例如，他对杂交的分析，纯种细胞释放纯化的芽球，成为变种的原因。在杂种的性生殖质要素中既有杂种化芽球，也有纯粹芽球。杂交时，来自一个杂种的纯粹芽球同另一个杂种的同一部分芽球结合起来就会导致完全返祖现象；来自一个杂种的纯粹芽球同另一个杂种的杂化芽球相互结合时就会导致部分返祖现象。所以，就有了杂交第一代大都是两个亲本的中间型，杂交第二代就会出现该有机体父代或母代的性状，也可能出现祖代甚至更远祖的性状。可以看出，这种芽球杂交的形式与现代遗传学中显性基因、隐性基因的概念已经具有某种相似性，如图2.2所示。

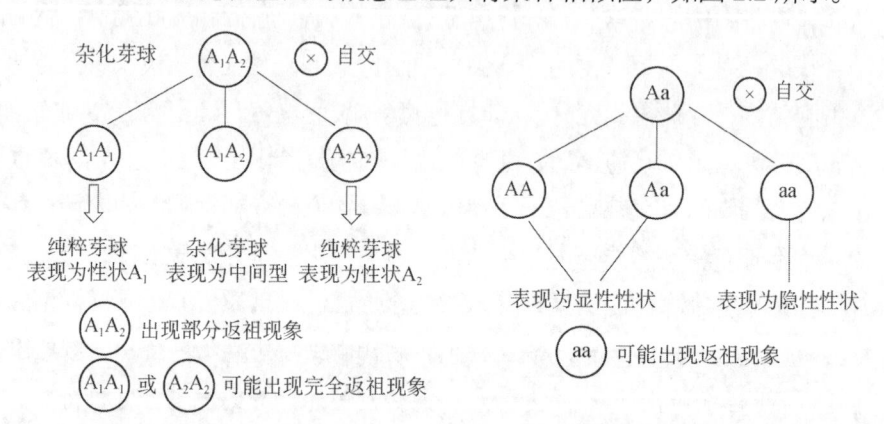

图 2.2　达尔文芽球概念与现代遗传学中线性、隐性概念的对比图

---

① 达尔文. 动物和植物在家养下的变异. 方宗熙等译. 北京：科学出版社, 1957: 9.

虽然，达尔文的泛生论是针对获得性状遗传提出的一种特设性假说，是一种不可能被检验的假说。但是，泛生论提出的粒子性的芽球作为遗传的基础，遗传的过程不是简单的融合过程，以及粒子性的芽球在遗传中的世代传递等概念，对后来遗传问题的探索具有重要的启蒙意义。

2. 粒子性遗传的先潮——魏斯曼的种质连续性假说

"种质独立和连续概念的建立，大部分归功于魏斯曼（Weismann）。当时获得性状遗传理论把有关遗传的一切问题已经弄的一片漆黑。魏斯曼抨击拉马克学说，在澄清思想上作出了很大贡献。魏斯曼的论述把遗传同细胞学的密切关系提到显著地位，无疑也是重要的。现在我们从染色体的结构和行为方面来解释遗传的尝试，究竟受到魏斯曼卓越思想多大的影响是不容易估计到的。"[①]这是摩尔根在《基因论》一书中对魏斯曼种质连续性假说的评价。事实上，魏斯曼的种质连续性假说对传统遗传理论的摒弃以及对遗传学下一代的研究工作具有重大的革新意义。

随着细胞学及显微镜技术等科学理论和技术的发展，在魏斯曼时代，人们关于生物学已经积累了丰富的知识。例如，当时人们已经了解了细胞分裂时核物质的复制情况等。魏斯曼正是以这些成果为基础，通过对材料的分析、比较及概括，抽象地提出了"种质"的概念。魏斯曼指出："种质就是生殖细胞部分，它的化学物理性质（包括分子结构在内的理化性质），在适当条件下能使这种细胞成为同种的新的个体；遗传的实质是以带有特殊分子结构的核物质为基础的，这种物质是生殖细胞的特殊核物质，我给它以种质的名称，并且核物质必然是遗传趋向的唯一携带者；种质包含着生物个体的全部性状，它在时代的连续传递中保持不变，物种变异的发生不是受外界环境变化引起的，而是双亲'种质''融合'的结果。"[②]

通过对魏斯曼种质概念进一步地分析就能发现，对于魏斯曼而言，生

---

① 摩尔根 T H. 基因论. 卢惠霖译. 北京：科学出版社，1959：22.
② 转引自张乃烈. 基因发现的逻辑. 北京：社会科学文献出版社，1993.

物个体已经具有明确的遗传单位——种质，并且它带有相关性状的特征，呈粒子性性状世代相传。同时，这些粒子性物质在胚胎发育和细胞分化时连续地分配给各个细胞，决定了个体各种组织和器官的形成。

从某种程度上说，魏斯曼的种质概念已经脱离了之前经验概括的范畴，形成了一种抽象概念的表达形式。他用"种质"的概念抽象地表达有关遗传现象的理论知识，并赋予了其丰富的科学内涵。也就是说，至此，关于遗传问题的研究已经由对遗传表象进行狭隘归纳的阶段进入对生殖细胞作微观精密观察、实验及抽象概括的阶段。

在种质概念的基础上，魏斯曼还提出了种质的多层次系统。在这个系统中每一个层次的结构和功能是不尽相同的。他的基本设想是这样的："种质的延续是通过生殖过程来实现的；生殖细胞的细胞核携带着遗传物质，这种遗传物质叫'种质'，它含有生物个体的全部性状，并控制个体性状的遗传和发育；细胞核中的染色体是真正的种质，赋有有机体全部遗传特性；染色体是由若干个'遗传子'的遗传单元所组成；随着受精卵的分裂和分化，遗传子也相应地越分越小，分成为数更多和更小的遗传单位——'决定子'；种质的最小层次叫'生源体'，它们是遗传物质分子结构实在物，具有生长和复制能力，决定子就是由这些生源体组成"①。

我们可以将魏斯曼的种质层次与现代遗传学中的物质层次进行对比，如图2.3所示。通过比较，我们可以发现，虽然两者之间的具体内容完全不同，但是，它们关于物质层次之间的形式却有所相似。而这种相似性也反映出两者在揭示遗传物质内容方面确实有某些共同之处。

在魏斯曼种质层次的模型中，生源体是最基本的物质层次，是决定遗传和发育最基本的单位。虽然魏斯曼并不知道它们的分子结构，但是他通过思维分析的方式将遗传、变异和发育本质关系的解释推进到分子的层面。

---

① 转引自张乃烈. 基因发现的逻辑. 北京：社会科学文献出版社，1993.

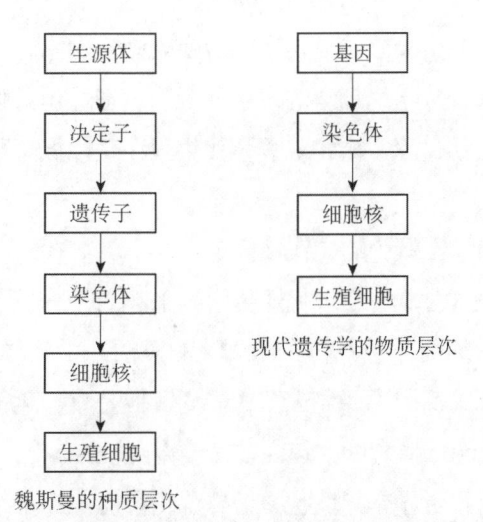

```
生源体              基因
  ↓                ↓
决定子             染色体
  ↓                ↓
遗传子             细胞核
  ↓                ↓
染色体            生殖细胞
  ↓
细胞核          现代遗传学的物质层次
  ↓
生殖细胞

魏斯曼的种质层次
```

图 2.3　魏斯曼的种质层次与现代遗传学的物质层次对比图

种质连续性假说作为一种科学假说自然有其自身的局限性。但是，它作为一种假说，对基因概念的发展做出了十分重要的贡献。例如，种质作为生物遗传和发育的基本单位，在遗传的过程中具有连续传递的特性，生物的变异也是由于种质的改变或者重新组合而引起等。这些内容与现代遗传学中基因概念的某些特性都有很强的相似性。同时，这些内容也从理论的高度启发了当代遗传学的发展，为当代遗传学科学理论的建立奠定了坚实的基础。

3. 遗传因子概念的建立——孟德尔的豌豆杂交实验

科学实验在近代自然科学发展过程中起到了举足轻重的作用。科学实验作为人的认识活动，每一步都参与理性活动和理论指导，应用了诸如观察、比较、分析、类比、归纳、演绎、推测和联想等逻辑手段，借助已有的科学材料、经验知识、理论或假说，确定实验目的，进行实验设计和构思，从事实验活动和技术应用、数据处理、资料分析，最后做出科学结论。孟德尔就是按照这样一种科学实验的步骤，通过豌豆杂交实验，解释了生物学遗传和变异的内在机制，提出了生物遗传的粒子性思想，建立了现代遗传学中遗传粒子的分离和自由组合两条基本定律，奠定了现代遗传学的基础。

孟德尔豌豆杂交实验的成功有其特定的必然因素，如材料的选择、单因子考察的方法、数学统计学的定量分析等。在这里我们都不做具体的分析。这里我们主要讨论孟德尔豌豆杂交实验在基因概念建立过程中所起的三个主要贡献。

（1）显性和隐性概念的实在性确定

显性和隐性这对概念在近代遗传学史上起着十分重要的作用，因为它对杂交过程性状的变化关系作了压缩性的概括。虽然早在1811年意大利人加利西奥就首次使用了"显性"的概念，但是直到孟德尔的豌豆杂交实验，显性概念与隐性概念的实在性才完全得到证实。

孟德尔将七对明显差异性状的植株分别杂交。每个杂交种的第一代出现并不是亲本的中间型，而是"七个杂交种的每一个杂交，杂种性状同亲本的性状如此十分相像，以至另一个亲本的性状完全看不见或不能肯定地查出来"①。这表明两个亲本的相对性状中的一个在杂种第一代（F_1）中占绝对优势，如圆形种子、黄色子叶、灰褐色种皮等。那另一个性状是被掩盖了还是消失了？孟德尔接着把杂种第一代进行自花授粉。产生的二代（F_2）又重现了F_1中消失的性状，如皱缩形种子、绿色子叶、白色种皮等。孟德尔把这种杂交种亲本性状在杂交后不变地遗传给后代，并在后代成为杂交种显现自身的性状称为显性性状，把亲本的另一性状在杂交种第一代不出现，而在后代重现的性状称为隐性性状。通过显性和隐性这对概念，我们可以知道隐性性状在第二代以后重现，是独立存在的亲本性状之一，在杂交第一代中只以潜伏的形式存在，它们并未和显性性状相融合或被显性性状吸收。经过杂交这对相对性状相互分离。为了证明这种分离并非只是在F_2中出现的偶然现象，孟德尔还用F_2自交，结果同样出现分离。他指出："显性性状在此有一双重含义，它既是一个亲本性状，也是一个杂种性状。要知道每一个个别情况下，它是两类含义中的哪一类，都只有在以后的世代中才能确定。作为一个亲本性状，它必须毫无变化地传

---

① 转引自孟德尔 G，等. 遗传学经典论文集. 梁宏，王斌译. 北京：科学出版社，1984：8.

给所有后代，另一方面，作为一个杂种性状，它们必须保持如在 F_2 中那种相同行为。"①至此，显性和隐性这对概念的实在性完全得到证实。

（2）遗传因子概念的建立

显性及隐性性状概念的建立，使得孟德尔认识表型性状比与种子比的不同表现形式得以实现。通过对表型性状比与种子比的分析，孟德尔发现种子是生物性状的承担者。通过与细胞学说的联系，不难认识到遗传的实质就是生殖细胞相互结合和生殖细胞内部因子的分离、组合和传递过程。孟德尔在《植物杂交的实验》一文中多次提到了生殖细胞中因子的概念。他强调，杂种表现性状由生殖细胞中的因子所决定，杂种的稳定性状是花粉和卵子中的同种因子结合的结果（纯合子），杂种性状则是花粉和卵子中的不同种因子结合的结果（杂合子）。

不难发现，正是遗传因子概念的建立，实现了孟德尔关于生物遗传的粒子性思考，也正是遗传因子概念的建立促进了孟德尔对遗传粒子的形式化表达。用大写字母 A、B、C 等符号代表支配显性性状因子的配子，用小写字母 a、b、c 等符号代表支配隐性性状因子的配子。所以，最初显性和隐性 3∶1 的关系就可以表征为 A+2Aa+a。也正是这种形式化的表达促进了孟德尔对分离定律和自由组合定律的建立。

（3）分离定律和自由组合定律的建立

遗传因子通过符号形式化表达，就可以将研究对象变为"纯粹形态"的形式去研究。这些符号组成的公式一方面可以作为代表遗传因子关系的形式，是主体认识对象的抽象结晶，是主体认识赋予对象以抽象的规定。另一方面，又是物质对象离开了原型的形式化表达，是原型在抽象层次上的再现。通过形式化的分析及科学实验的检验，孟德尔建立了遗传学的两个基本定律——分离定律和自由组合定律，如图 2.4 所示。

---

① 转引自孟德尔 G，等. 遗传学经典论文集. 梁宏，王斌译. 北京：科学出版社，1984：11.

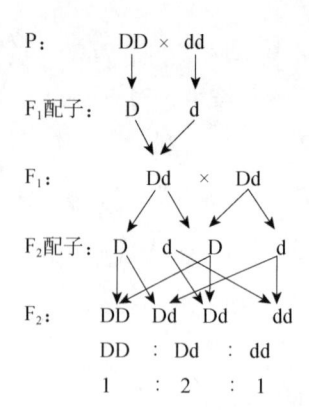

```
P:           DD  ×  dd
F₁配子:       D     d
F₁:          Dd  ×  Dd
F₂配子:   D  d   D  d
F₂:      DD  Dd  Dd  dd
         DD : Dd : dd
          1 :  2 : 1
```

图 2.4　孟德尔遗传学的分离定律和自由组合定律

通过以上分析，我们可以发现，孟德尔对遗传因子的用法与现代遗传学中基因的用法已经相近。但是需要强调的是，孟德尔并未明确地区分表现型和基因型，他用 A 和 a 表示的是单位性状。所以，对于纯合子他只是用 A 或 a 表示，而不是之后的 AA 或 aa。再者，孟德尔通过遗传因子的概念明确了遗传的粒子性，但也是一种思辨性的泛泛而论，并没有明确遗传的单位。

直到 1909 年，丹麦学者约翰逊依据重新发现的孟德尔定律，首次提出基因的概念，用其代替遗传因子，并明确区分了表现型和基因型，用基因表示遗传的单位。但是，对于约翰逊而言，他并不承认基因是物质的，而只是将基因看作遗传的亚显微单位，用作一种计算或统计的单位。因为，在当时并不能说明基因的物质基础及物理化学性质。也就是说，基因概念最初只是一个假象的理论构建。然而，无论基因的实体究竟是什么，在孟德尔定律之后，基因已经有了其可被检验的科学内涵。

4. 基因和染色体关系的确立——摩尔根的果蝇实验

正如上文所言，约翰逊根据重新发现的孟德尔定律提出了基因的概念，用基因这个名词代替以往常用的遗传因子。但是，他并不把它看作具有形态学意义上的实体，而只是用它来说明遗传的单位和计算杂交群体后代的统计单位。在这样的基础上，他区分了基因型和表现型的概念，明确地指出生物性状本身并不能直接遗传，而是由特殊的遗传组成（即基因型）支配，并表现为成体的某种性状（即表现型）。也就是说，对于约翰逊而言，基因不仅是作为遗传单位，而且是作为能发展成为个体诸性状和指导个体发育的功能单位。那么，人们是否能把它作为遗传的物质单位（结构单位），或者说它的化学实体究竟是什么？这些依然是遗传学家面临的问题。

在解决基因实在性的问题上，约翰逊时期的许多生物学家都做出了很大的贡献，如萨顿和波维里提出的关于染色体行为的萨顿-波维里假说、詹森斯发现的染色体交换现象等。在这里我们都不一一讨论。我们主要讨论这一时期摩尔根及其团队对基因概念发展所做出的贡献。

关于摩尔根果蝇实验的实验方法、实验过程，以及实验中遇到的具体问题等，在许多文章和论著中已有过详细讨论。概括地讲，摩尔根果蝇实验的主要贡献是揭示了基因连锁和交换的奥秘，建立了遗传学中的第三条遗传定律，并且证明了基因以直线排列在染色体上。用摩尔根的话来说："基因论认为个体上的种种性状都起源于生殖质内成对的要素（基因），这些基因互相联合，组成一定数目的连锁群；认为生殖细胞成熟时，每一对的两个基因依孟德尔第一定律而彼此分离，于是每个生殖细胞只含有一组基因；认为不同连锁群内的基因依孟德尔第二定律而自由组合；认为两个相对连锁群的基因之间有时也发生有秩序的交换；并且认为交换频率证明了每个连锁群内诸要素的直线排列，也证明了诸要素的相对位置。"[1]具体如图2.5所示。

可以发现，摩尔根的工作使得基因不仅具有约翰逊意义上的功能单位，而且具有遗传的物质单位、重组单位及突变单位的意义。在细胞分裂的过程中，基因是一个能够自我复制的物质单位；在染色体重组时，基因又是一个不可分割的重组单位；而在解释新性状时，基因则是遗传的最小单位，成为一个突变单位。

---

[1] 摩尔根 T H. 基因论. 卢惠霖译. 北京：科学出版社，1959：18.

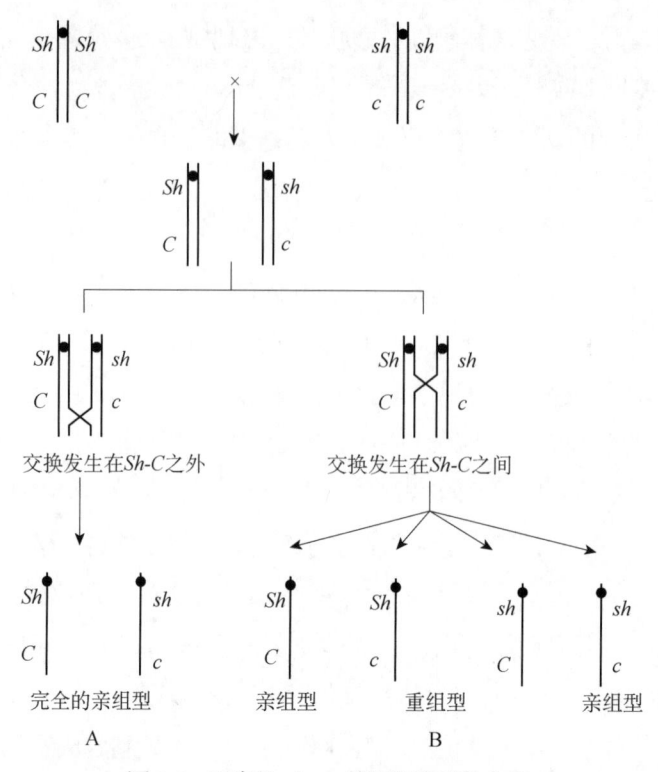

图 2.5　玉米的 *sh*、*c* 基因的连锁与交换

5. 基因结构的确立——DNA 双螺旋结构模型

基因的结构是否仅限于世代之间遗传信息的传递和表达？基因自身的化学组分是什么？细胞分裂又是如何实现自我复制的？……自摩尔根以来，这些都是生物学家迫切想要解决的问题。

1941 年，比德尔等人对红色链孢霉进行了大量实验，提出了一个基因一个酶的观点，认为基因控制酶的合成，一个基因产生一个相应的酶，基因与酶之间一一对应，基因通过酶控制特定的代谢过程，继而控制生物的性状；1944 年，艾维里通过肺炎双球菌实验，证明了核酸带有转化和遗传的特性；1951 年，海尔希和蔡斯使用放射性标记技术进行了噬菌体感染实验，证明了 DNA 是实际的遗传物质；1952 年，富兰克林得到清晰的 DNA X 衍射的 B 型照片；1952 年，查可夫应用理化分析和测定技术发现了核苷酸的查可夫法则；等等。这些新发现都构成了生物学家重新理解基因概念的新的理论语境。

　　正是在这样的语境下，沃森和克里克建立了 DNA 双螺旋模型。在沃森和克里克建立 DNA 结构模型之前，美国的鲍林已经通过建立模型的方法成功建立了蛋白质 α 螺旋结构模型。正是这一事实对他们的启发，使他们想到了用同样的方法建立 DNA 结构模型。沃森认为："没有理由相信用同样的方法我们解决不了 DNA 的问题。我们所要做的只不过是制作一套分子模型，开始摆弄就行了，如果幸运的话，DNA 结构可能也是一种螺旋。而其他构型就太复杂了。如果还没有排除答案是简单的这种可能性，就担心问题是很复杂的，那将是非常愚蠢的。"①DNA 双螺旋结构模型如图 2.6 所示。

　　首先，DNA 双螺旋结构的发现，明确了 DNA 的基本功能：①半保留复制机制。沃森和克里克指出："……我们的脱氧核糖核苷酸模型实际上是一对样板。这两条样板是彼此互补的。我们假定，在复制之前氢键断裂，两条链解开并彼此分离。然后，每条链都可以作为样板，在其上形成一条新的互补链。这样我们最后得到了两条链，而在此之前，我们仅有一对链，而且在复制过程中，也是严格符合碱基对顺序的。"②②DNA 指导蛋白质的合成。沃森在从事 DNA 结构模型设计时就写下了 DNA→RNA→蛋白质的单向流动公式。正是 DNA 双螺旋结构的发现，导致了密码子概念的实现以及中心法则的建立。③基因突变的分子基础是 DNA 核苷酸排列顺序发生了变化。

　　其次，DNA 双螺旋结构的发现，丰富了基因概念的意义：基因只是 DNA 分子上的多核苷酸片段，在分子的水平上，基因不再是不可分割的最小单位——包括功能单位、重组单位和突变单位。DNA 双螺旋发现前后，其具体的含义可简单地概括如图 2.7 所示。

---

　　① 詹姆斯·沃森. 双螺旋——发现 DNA 结构的个人经历. 田洺译. 北京：生活·读书·新知三联书店，2001：41.
　　② 詹姆斯·沃森. 双螺旋——发现 DNA 结构的个人经历. 田洺译. 北京：生活·读书·新知三联书店，2001：155.

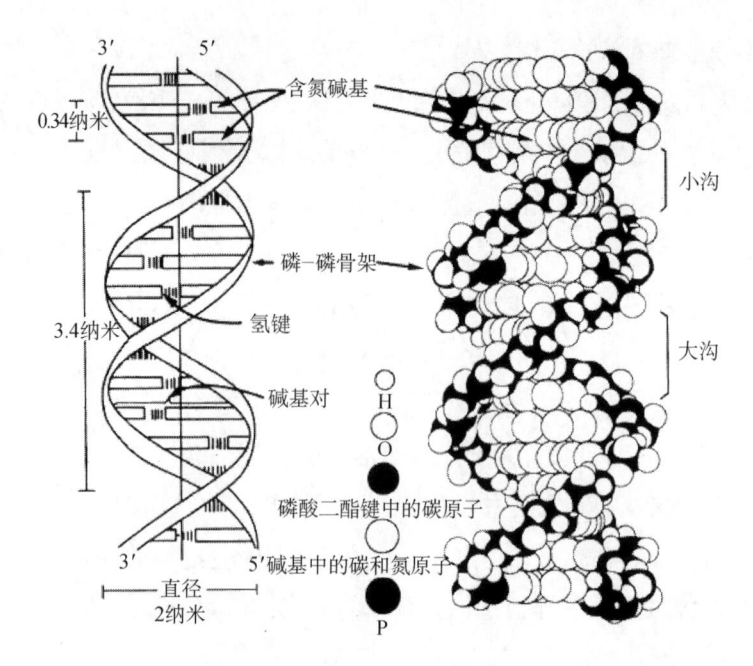

图 2.6 DNA 双螺旋结构

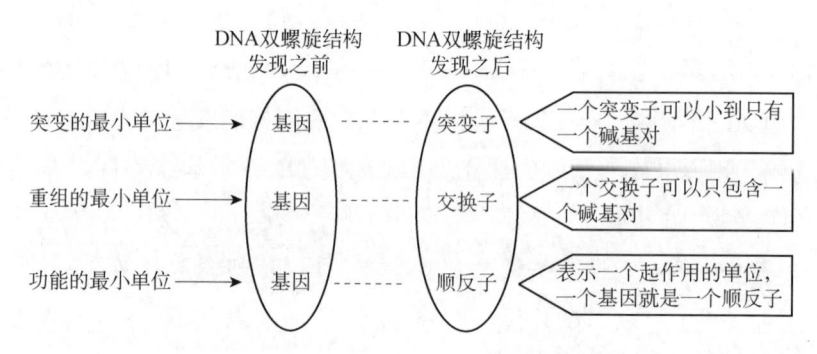

图 2.7 DNA 双螺旋结构发现前后突变单位、重组单位及功能单位意义比较图

通过对以上五个案例的讨论，可以看出，随着生物学纵向理论的发展，基因从假定的泛生子和承担专一遗传作用的种质，到孟德尔实验中推导出的遗传因子，再到摩尔根通过果蝇杂交后代中出现的重组频率推导出基因重组的存在，把基因落实到染色体上作直线排列的颗粒。最后，到 DNA 双螺旋结构模型的建立，人们最终找到了遗传和发

生变异的实在物，找到了生物遗传和变异的机制。当然，在这一段时期中，还有许多重要的实验和理论都为基因概念的发展做出了很大的贡献。但是，以上五个案例，作为关键的案例，都可以突出地反映出当时基因概念的语义特点。因此，我们选择这样五个案例来讨论这一段时期内基因概念的语义变迁，并将它们的主要内容与意义作一总结，如表 2.1 所示。

表 2.1　从达尔文到 DNA 双螺旋模型建立期间基因概念的语义变迁

学说	提出者	对象	主要内容	意义
遗传变异和进化因果关系解说的特设性假说——泛生论	达尔文	芽球	有机体细胞能释放出微粒——芽球，它散布于整个有机体之中；芽球从有机体系统的各个部分汇集起来形成生殖质要素，它们在下一代发育成个体；芽球的数量、活力、亲和力等导致了生物的遗传变异	①芽球用来表达一种思辨的产物，不具有可检验性；②芽球以一种微粒或粒子的形式遗传；③遗传的过程不是简单的融合过程；④芽球在遗传中世代相传。虽然混合遗传的解释是错误的，但是它第一次用芽球的概念肯定了生物体内有特定的物质负责生物性状的遗传和变异
粒子性遗传的先潮——种质连续性假说	魏斯曼	种质	种质是生殖细胞的核物质；它包含着生物个体的全部性状，在世代的连续传递中保持不变；物质的变异不是受环境变化的影响，而是双亲"种质""融合"的结果	①种质成为遗传和发育的基本单位；②种质连续性传递；③种质的组合和改变导致生物变异——重组和突变的单位。种质的概念虽然也是思辨的产物，但是，种质连续性假说已经包含了部分合理的内核。种质的某些意义与现代遗传学中的基因概念的特性已经有了很强的相似性
遗传因子概念的建立——豌豆杂交实验	孟德尔	遗传因子	物种表现性状是由生殖细胞中的遗传因子所决定的；物种的稳定性状是同种因子结合的结果，杂种性状是不同种因子结合的结果；遗传因子在体内成对存在，当形成配子时，它们相互分离，两者各对生物性状发育起着不同作用，其中显性性状对隐性性状起决定性作用；各种雌雄配子的结合是随机的	①确定了显性和隐性概念的实在性；②明确了遗传的粒子性——遗传因子；③用 A、B、a、b 等字母形式化地表达遗传因子；④建立遗传因子的分离和自由组合定律，使得对遗传物质的讨论虽然还在思辨的层面上，但是却有了可检验的科学内涵

续表

学说	提出者	对象	主要内容	意义
基因和染色体关系的确立——果蝇实验	摩尔根	基因	基因论认为个体上的种种性状都起源于生殖质内成对的要素（基因），这些基因互相联合，组成一定数目的连锁群；认为生殖细胞成熟时，每一对的两个基因依孟德尔第一定律而彼此分离，于是每个生殖细胞只含有一组基因；认为不同连锁群内的基因依孟德尔第二定律而自由组合；认为两个相对连锁群的基因之间有时也发生有秩序的交换；并且认为交换频率证明了每个连锁群内诸要素的直线排列，也证明了诸要素的相对位置	①基因具有染色体的重要特性，能自我复制，相对稳定，在有丝分裂和减数分裂时有规律地进行分配，是遗传的结构单位；②基因不可分割，是交换的最小单位，亲代性状在子代重新组合时，它是重组单位；③基因是以整体进行突变的，因此，在解释新性状时，它是突变单位。基因是集功能单位、结构单位、重组单位和突变单位为一体的
基因结构的确立——DNA双螺旋结构模型	沃森、克里克	DNA	DNA是遗传的物质基础；它是由2条链反向盘旋成双螺旋结构，脱氧核糖核苷酸和磷酸交替连接，排列在外侧构成基本骨架；碱基通过氢键连接成碱基对排列在内侧，并遵循碱基互补的配对原则；DNA在复制时满足半保留复制机制；DNA指导蛋白质的合成，DNA上核苷酸的顺序决定了蛋白质的结构；基因突变的分子基础是DNA核苷酸序列发生变化	基因只是DNA分子上的多核苷酸片段，不再是不可分割的最小单位；突变的最小单位为突变子；重组的最小单位为重组子；功能的最小单位为顺反子。遗传的结构单位不是基因，而是核苷酸。但基因仍是一个功能单位

三、当代分子生物学中基因概念的发展

通过以上的讨论可以发现，基因的概念经历了其自身的发展历程。从简单臆想到抽象假定，从对事物表面现象的狭隘归纳到对经验事实的统计概括，从约翰逊第一次提出基因的名词到双螺旋结构模型的发现，随着相关科学理论和技术的发展，基因概念的内容变得日益丰富、具体和纯化。直到20世纪60年代，基因由最初一个抽象的名词，成为一段具体的、可以编码蛋白质或RNA的、双螺旋结构的DNA序列。虽然，1961年雅克（F. Jacob）和莫诺（J. Monod）发现了有些DNA片段不编码任何产物，但是，当时的许多生物学家们都非常乐观地认为，基因已经被成功地还原到分子水

平。虽然还有一些具体的问题需要解决，但是，基因作为一个实体已经毋庸置疑，对生命的研究只需要从基因入手。就像克里克曾认为：根据物理学和有机化学解释生物学将会是当代生物学运动的最终目标[1]。

但是这一段时期并没有持续太长时间。从 20 世纪 60 年代开始，不编码但有调节功能的 DNA 序列的种类被发现得越来越多，也越来越使分子遗传学家们困惑：启动子和终止子序列；上游序列和下游序列；前导序列和结构基因之间的间隔序列；被转录和不被转录的区域；被翻译和不被翻译的区域……是否应该把这些序列包括进基因？如果这些序列紧靠着结构基因，还可以这么划入，但是有的调节序列，如增强子和沉默子，与结构基因的距离可以远隔成千上万个碱基对，它们只是对结构基因进行遥控，将其归入同一个基因，难以被接受。而且它们也同时控制着多种结构基因。还有高度重复的序列，它们既不编码也不具有调节功能，对性状没有任何影响。

1956 年，美国的生物学家芭芭拉·麦克林托克（Barbara McClintock）提出了跳跃基因的概念。她在对玉米基因的研究过程中发现，有一个"控制因子"可以在染色体上发生移动，从而与其他的基因位点相结合产生一种新的基因。这个发现就使得基因由之前稳定的、静止不动的片段变为可通过自身移动调节活性的片段。

1977 年，罗伯茨（Roberts）和夏普（Sharp）发现了割裂基因，又彻底改变了人们对基因概念的认识。在割裂基因中，基因不再是连续的编码片段，而是由编码区与非编码区交替构成的。其中，编码的区域被称为外显子，而非编码的区域则被称为内含子。割裂基因的发现又使得人们对基因结构的认识产生了另一种质的变化——基因由 DNA 上的连续排列的片段变为不连续片段。

1977 年，桑格（Sanger）等人在对噬菌体 DNA 研究的过程中发现，在 φX174 噬菌体的同一段 DNA 顺序上，由于阅读框不同或终止早晚不

---

[1] Crick F. Of Molecules and Men. Seattle: University of Washington Press, 1966: 12.

同，能够同时编码两个以上的蛋白质。他们将这种基因称为"重叠基因"。而此时，基因则由之前的一个一个线性排列、彼此分离的片段变为会有相互重叠的片段。

还有假基因、套装基因、组装基因、信使 RNA 编辑、蛋白质修饰和剪接等，如图 2.8 所示。

经典遗传学基因概念的语义值	分子生物学中基因的新发现	分子生物学中基因概念语义的新发展
稳定的、静止不动的片段	跳跃基因	可通过自身移动调节活性的片段
DNA 上连续排列的片段	割裂基因	不连续片段
一个个线性排列、彼此分离的片段	重叠基因	相互重叠的片段
基因的唯一功能是蛋白质的合成	垃圾基因	多数基因与蛋白质合成无直接关系
单一基因决定某种性状	基因谱（基因阵）	多个基因控制某一性状
……	……	……

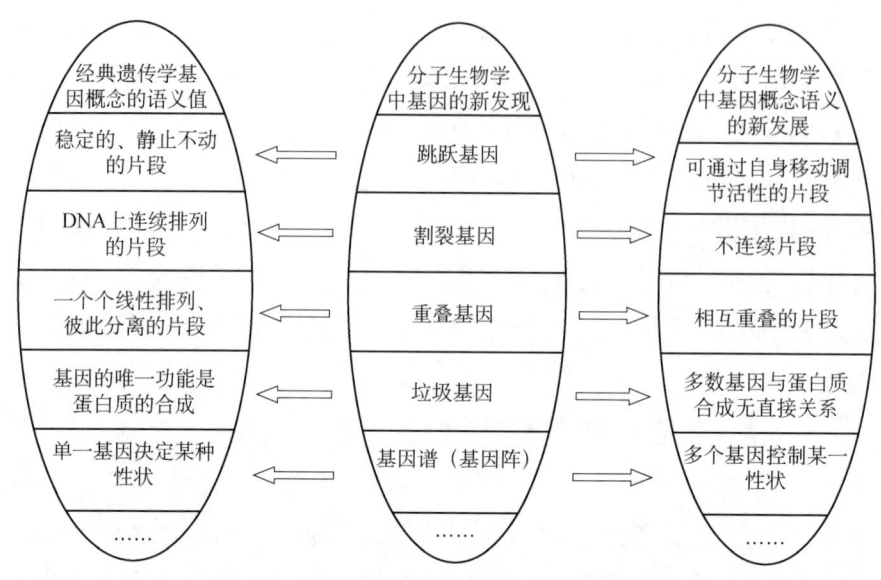

图 2.8　分子生物学中基因概念的语义变化图

总而言之，人们对基因的结构和功能了解得越多，反而越不了解基因究竟是什么。基因不再是具有固定的位置，不再是连续的片段，不再是彼此分离的片段，也不再是具有独立确定的产物。相信，随着科学技术的发展，人们对基因的结构和功能还会有新的认识。那么，我们究竟该如何对待基因的概念？

有的人提出，用其他的概念来取代基因的概念。例如，用基因组的概念代替基因。但是，这种整体主义的探讨方式只能起到一种思辨的意义，对于遗传学具体的实验研究并没有实际的指导意义。因为，无论我们如何谈论基因组的概念，都无法避免我们对基因具体组成、结构和功能的分析研究。还有一些生物学家提出一些新的概念。例如，布罗修斯（J. Brosius）

和古尔德（S. J. Gould）提出一个新的单位——纽恩（nuon），用它来代表任何具有结构或功能的 DNA 片段。同样，这些概念都无法替代基因在遗传学中的作用。

"一个科学概念之所以有价值，是因为它有助于具体的研究。"虽然约翰逊提出基因概念的时候，并不承认基因的物质性，但是他将基因作为一种计算或统计的单位，满足了表明遗传单位技术术语的要求。因此，基因一词通过常规化的过程很快地成为遗传学范式的基本要素。之后，随着人们对基因结构和功能的认识，基因的概念不断得到丰富，也不断受到挑战。但是，无论怎样，基因作为遗传学范式的基本要素，一直在被使用，也丝毫没有被摒弃的迹象。事实上，到目前为止，我们并不能根据 DNA 的序列确定其编码序列。再者，如上文所言，编码的序列也不是单一的、固定的。因此，我们还是只能由编码序列表达的产物来确定编码的序列。换句话说，不是通过基因来确定产物，而是通过产物来认定基因。这一点就类似于摩尔根在 1993 年接受诺贝尔奖时所说的："在遗传学家当中，对基因是什么——它们是真实的还是纯粹虚构的——并无统一的意见，因为在遗传实验的水平上，不管基因是假想的单位，还是一种物质颗粒，并不会造成最轻微的差异。"[1]

也就是说，基因的概念由最初的理论构建又重新回到了一个新的理论构建。那么，基因的本质究竟是什么？基因是否能够被还原？我们到底又该如何定义基因？

第二节　语境论视野下的基因本质

对基因概念语义变迁的分析，可以发现，基因概念的语义变迁是在遗传学纵向理论的变化中不断实现的。在不同的理论语境下，基因概念在不

[1] 方舟子. 寻找生命的逻辑. 上海：上海交通大学出版社，2007：6.

同地发生着特定地转移。正如上文所言，伴随着遗传学一个多世纪的发展，基因由最初作为抽象概念的理论构建，又回到了理论构建的原点。不同的是，同样作为理论构建的基因概念，在经过了一个多世纪的发展之后，有了其具体的物质实体和丰富的科学内涵。但是，基因是否仅仅只是一种理论构建抑或只是一种隐喻式的使用？究竟我们该如何理解基因？基因的本质究竟是什么？接下来我们将从以下三个方面讨论基因的本质：基因的日常概念——一种大众科学的误区；基因理论的还原本质；基因概念的语境论解释。并认为，语境论是理解基因概念的基础，总结了语境论视野下的基因本质。

一、基因的日常概念——一种大众科学的误区

概念作为人类和客观世界相互作用的结果，是人类通向未知领域的桥梁和阶梯，它包含了人类思想的奥秘。任何一个概念都是我们对这个世界的认识的结晶。虽然概念已经是人类认识活动中十分稳定的结构，但是所有的概念都仍随着人类认识的发展在不断变迁。基因的概念也同样如此。

根据人类认识和实践活动领域的不同，概念的形成也有不同的途径。例如，有些概念来自人类的日常生活，如声、光、力、生命等；有些概念直接来自科学的创造，如电子、夸克、光合作用、基因等。前者通常是以对事物的外部特征或实用属性的概括为依据。起初，它只为解决人类生活的需求而产生。我们称其为日常概念。后者是人类在对客观世界认识的科学活动中的结晶。它往往能反映事物的本质属性，是为了满足人类进一步认识客观世界的需求而形成的。我们称其为科学概念。然而，无论是哪种概念，都会随着科学技术的进步、人类对世界图景认识的转变及科学理论的发展而发生转变。例如，虫由最初指称猛兽转变为指称虫子，兵由最初指称兵器转变为指称士兵。同样，日常概念也可以转变为科学概念。例如，声作为一个日常概念，最初指称人耳能听到的东西，但是随着物理学的发展，声转变为指称由一切振动产生的一种波，包括人耳听不到的次声波和超声波的科学概念；光由指称看得见的东西的日常概念转变为指称包

括看不见的红外线、紫外线等的科学概念。科学概念也可以转变为日常概念。例如，量子力学的发展也早已把波和粒子这样的概念划入日常概念的范畴，取而代之的是位置矩阵、波函数等更加精确的科学概念。再比如，基因的概念最初就来自科学创造，作为一个科学概念指称具有遗传特性的物质。而随着科学技术的发展以及社会认识的进步，基因对于任何一个接受过初等教育的人来说，都是一个科学常识。基因又变为一个日常概念。陈嘉映并不认为这是科学概念转变成日常概念，而称其为多数人了解的科学概念，或者是日常话语借用了某些科学词汇。[1]但是，显然对于基因的概念而言，这两者之间的意义一定是有所不同的。那么，两者之间有什么样的联系，又有什么样的区别？前文中，我们已经讨论了遗传学理论发展过程中基因作为科学概念的语义变迁。在这里我们将讨论基因日常概念的本质，以及作为日常概念的基因所带来的一种大众科学的误区。

对于"基因"一词，在如今的日常生活中人们早已耳熟能详。基因在日常生活中是怎样被人们所理解的？与当代遗传学中基因概念的内容和意义有什么区别？我认为，下面的三个问题应该是我们需要讨论的。

（1）基因往往被看作天生的决定者

在日常生活中，当人们谈到基因时，它往往表示一种决定或控制某种性状的物质，它总是必然地限制生物的性状，并且生物所有的性状都被编码在基因中。当人们谈到"某某基因"（如犯罪基因等）时，其实就包含了某个基因作为一个独立的个体，并且相对应地决定了该种性状的意义。因此，当某一个体的某种性状或性能的表现超越了或未达到人们的某种期望时，我们就经常会说"某某基因优良"或"某某基因不优良"。这些都表明，在日常生活中，基因往往被看作性状或性能的决定者。然而，在分子遗传学中，基因是否是独立的片段，单个的基因是否能够对应于某种特定的表现型？答案显然都不是肯定的。在分子遗传学中，当遗传学家谈到某个基因，或把某种性状归因于某个特定的基因时，那也仅仅只是为了实

---

[1] 陈嘉映. 回应成素梅和郁振华. 哲学分析，2012，4：31.

验研究而采取的一种语言上的方便表述。在具体的科学中，出现这种方便式的语言表述在于他们有专业的技能对这种方便表述的科学内涵进行区分。

正如上文所言，日常概念是以对事物的外部特征或使用属性的概括为依据，是为了满足人类生活的需求而形成。因此，日常生活概念就具有实用性和含糊性的特点[①]。基因的日常概念就以其实用特性来反映基因与日常生活相关的遗传属性，从而就产生了某种基因决定或控制某种特性的表述。日常概念实用性就自然地会带来其含糊性，对概念实用性的要求就必然会带来认识上的不精确。因此，基因的日常概念也就不要求其反映基因的本质属性，而只要求其与常识不相矛盾，便于使用即可。有时候对日常概念的精确定义，反而对其日常运用是有害的。

（2）基因与DNA相互混淆

究竟DNA或基因的化学本质是什么？基因是DNA的一部分抑或基因是DNA上有遗传效应的功能片段？日常生活中人们几乎不对其进行区分，往往是将其混为一谈。人们只会谈论"种瓜得瓜，种豆得豆"的生物界遗传规律。但遗传物质的本质属性是什么的问题已经超越了其日常概念的范畴。例如，进行亲子鉴定时，我们既可称其为"DNA检测"，又可称其为"基因检测"。究竟检测的是DNA核苷酸的序列，还是DNA上有效片段的编码序列？日常生活中，我们从不精确其定义。也正是这种概念上的含糊性明确了其对遗传信息检测表述的实用性。

（3）对基因客观物质实体的忽视

日常概念的含糊性从来就不要求其对事物本质属性的反映。基因的日常概念同样如此。对于基因是否是连续的、独立的、线性排列的DNA片段，甚或是基因的化学成分是什么的问题都不在其日常概念的范畴。即便是现在的中学教育中，对基因实体的认识也仅限于其基本结构的化学本质，如图2.9所示。

---

① 王天恩. 日常概念、哲学概念和科学概念. 江西社会科学，1992，3：48.

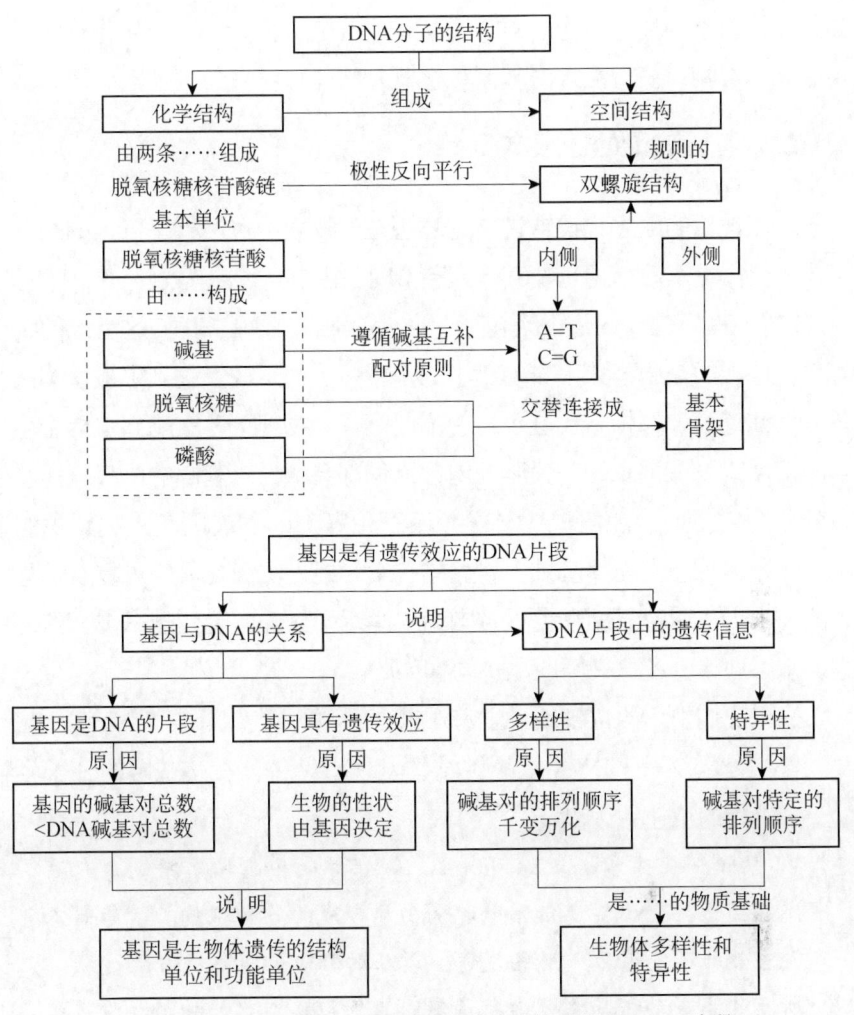

图 2.9 DNA 分子的结构和基因是具有遗传效应的 DNA 片段

通过以上的论述可以发现，有些概念最初来源于常识，伴随着科学的发展，这些概念经历着一个与日常分离的过程。有些概念最初来源于科学创造，伴随着社会认识图景的改变，这些概念也经历着一个常识化的过程。然而，无论两者的距离有多远，日常事物与科学事物之间的连续性，都要求我们使用相同的概念进行表述。甚至，有时候理论越远离经验，日常概念在人们日常生活中实用性地描述作用反而越重要。

造成基因日常概念与科学概念两者之间距离的很重要的一个原因，应该是近代科学中还原论思想对人类认识思维的巨大影响。也正是这种还原论思想的影响，使得大众对基因科学概念的理解容易产生以上误区。

二、基因理论的还原本质

基因理论的建立，使得还原论思想在生物学中也取得了巨大的胜利。诺贝尔奖得主李政道博士在其《展望 21 世纪科学发展前景》一文中写道："在整整 100 年前汤姆逊发现电子，从那以后，影响了我们这世纪的物理思想。即大的是由小的组成的，小的是由更小的组成。找到了最基本的粒子，就知道最大的构造。这个思想不仅影响到物理，还影响到本世纪生物学的发展。"[①]在很长的一段时间内，人们都会认为对基因的研究就是对生命的研究。然而，随着现代科学（新三论等）的发展以及人类认识的进步，还原论思想及在其基础上建立的科学已经无法满足人们对复杂世界认识的需求。还原论思想在世界各国的科学哲学界开始受到越来越强烈的批判。基因理论，在这一问题上也同样如此。

这里我们引用两位权威科学家对这个问题的论述。

首先是沃森——DNA 双螺旋结构发现者之一，在《基因的分子生物学》一书中的论述：

"……（生命）是如何发生的，仍然是个秘密。特别令人迷惑的是怎样会出现遗传密码和蛋白质合成的各种机构。""卵裂本身当然并不能导致胚胎的发育，真正的精髓却是细胞分化过程。所有的高等动植物都是由大量不同的细胞类型（如神经细胞、肌肉细胞、甲状腺细胞、血细胞等）建成的。在某些生物中转化过程开始于受精后最初几次细胞分裂。其他生物中后裔细胞在确定其命运之前，要经过大量的细胞分裂，然而，不管其分化发生的精确时间如何，结果常常是亲代的细胞转化成大量形态不同的后裔细胞。……我们必定会问是什么东西不仅使两个后裔细胞合成不同的蛋白质，而且使它们各自连续合成相同一类蛋白质？很清楚，对于用这种方式所表达的问题永远也不会有人能研究出任何

---

① 李政道. 展望 21 世纪科学发展前景. 深圳特区经济, 1999, (2): 1-2.

一种高等动植物胚胎发育的全部化学细节。"

"人们往往预计，在了解生命的本质之前，一定会发现一些就像细胞理论或进化论一样重要的自然规律。""曾几何时，某些生物学家总觉得——如果不是希望的话——生物学之所以和悲凉的、无生气的化学实验室不同，除了复杂性和大小之外，还有某些更为基本的不同。"①

另一位是亨德莱——美国著名的分子生物学家，在其主编的《生物学与人类的未来》一书的论述：

"虽然对于发育反应的全部节目以之为基础的遗传基础和细胞内的机构的了解是很重要的，即使最圆满地了解到基因细菌细胞中的作用，仍旧不能完全阐明一切细胞、组织和复杂有机体的发育。什么东西导致受精卵进行分裂，并且产出子细胞？它们又变成是像骨骼和肌肉、血液和神经那样地不同？""就像我们已经了解了 DNA 酶的机制，膜与神经传导，这些仍然不能使我们预见到会有蝴蝶、兰花或海豚，更不用说人类了。"

"哲学还没有消化生物学者对生活自然界的看法，从唯生论与宿命论的想法上解脱出来。但是随着化学与进化生物学的飞跃进展之后，有一天必然会产生科学的新哲学。主要是根据生物学的发现，而不是物理学的发现。"②

这些都告诉我们，还原论思想一定不是基因理论的思维基础，基因理论只有在一个新的理论框架中才能发挥其应有的作用。

但是，无论这个新的理论框架是什么，**DNA** 都具有生物学教学中真实的物理结构。分子生物学家及其他的遗传学家也都没有停止其在基因层次的科学研究。几乎没人会反对，对生命现象的研究离不开物理学和化学定律。那么，从这个意义上讲，还原论是否又成为我们的思维基础？在这里我们首先对还原方法和还原论进行一个简单的区分。

---

① 沃森 JD，贝克 TA，贝尔 SP，等. 基因的分子生物学（第六版）. 杨焕明等译. 北京：科学出版社，2009：7.
② 亨德莱. 生物学与人类的未来. 上海生物化学所等译. 北京：科学出版社，1977：8.

1. 基因理论发展过程中的还原方法和还原论

还原的问题一直是基因理论发展过程中人们十分关注的一个问题。对于基因认识的态度，大致可以分为两类：还原论和系统论。到目前为止，绝大多数的学者都持有系统论的观点。他们都不否认还原的方法在生物学发展过程中所发挥过的重要作用，但是，他们又强调，生物学研究想要取得更大的成绩并不能完全依赖于还原论，而是要形成一套自己独特的研究方法。例如，武汉大学的桂起权教授就认为系统科学是生物学理论的元理论。然而，系统论对于基因理论的讨论一直是停留在形而上学的理论层面。对于具体的生物学科学实践又无法离开还原方法的应用。也就是说，还原论可以不是生物学思想的思维基础，但这并不就意味着对还原方法的否定。目前，在绝大多数的生物学哲学文献中都没有特别地对两者进行区分，甚至在有的文献中将两者混为一谈。

在哲学领域，还原论一词最早出现在 1951 年，当时奎因用它来标记逻辑经验主义的信条[1]。在 20 世纪二三十年代，逻辑经验主义者卡尔纳普等试图通过对还原方法不加限制的使用，希望实现各学科之间的严格还原，从而实现各学科间的理想统一，逐渐将其发展为一种精致的还原论思想。一般意义下的还原论都认为："表面上不同种类的存在物或特性是同一的。它声称某一种类的东西能够用与它们同一的更为基本的存在物或特性类型来解释。"[2]而对于建立统一科学的还原论思想则认为："还原的目标是要表明，次级学科的定律和一般原理只是初级学科的假定逻辑结果。"[3]也就是说，还原论所还原的对象不仅可以指客观存在的物质基础，也可以包括人类主观创造的理论体系。这样一来，我们就可以将还原论分为对物质在本体论上的还原以及对知识在理论体系上的还原。

基因认识过程中的还原论同样也包含了以上的这两个方面。

首先，从本体论上的还原而言，经典遗传学中的基因概念本身就是这

---

[1] 欧阳莹之. 复杂系统理论. 田宝国，周亚，樊瑛译. 上海：上海科技教育出版社，2002：56.
[2] 尼古拉斯·布宁，余纪元. 西方哲学英汉对照辞典. 北京：人民出版社，2001，6：863.
[3] 林定夷. 论科学理论之还原. 自然辩证法通讯，1990，(4)：8-17.

样的一个产物。从前文我们对基因概念语义变迁的分析中可以看出，无论是魏斯曼的种质连续说，还是孟德尔的遗传因子及摩尔根的基因论，都承认遗传物质的粒子性，都认为生物体遗传变异的原因是由于遗传颗粒变化的结果。他们将遗传变异的宏观现象与遗传物质的微观层面相互联系，为遗传物质的本体论认识奠定了基础。孟德尔把遗传的本质原因还原于生殖细胞内的遗传因子，这才有了遗传学，否则对纯粹现象的分析，充其量只是形态学的数学化，不能摆脱传统的博物学。自此，开始了形态水平向细胞水平的还原，但这种还原是十分模糊的，遗传因子尚是一个抽象的概念，性状与因子之间的对应是十分粗糙的。正是由于这种本体还原思想的经典影响，萨顿（Sutton）和博维里（Boveri）首先发现遗传过程中染色体与遗传因子行为的相似性。1909年，约翰森（Johnsen）用基因代替遗传因子概念，并使用基因型和表现型概念，明确地区分了形态水平和细胞水平及其还原关系，摩尔根进一步把遗传因子彻底地还原到细胞水平的染色体上，这是向细胞还原的精确化。直到三个经典的遗传转化实验证明DNA是遗传物质，以及DNA双螺旋结构的确立，基因才彻底地还原到分子水平。究竟基因能被还原到DNA上如何的一种片段？这个还有待讨论。但是，这里我们想要强调的是，正是经典遗传学中人们对遗传本体论的颗粒性的认识，使得人们产生了从细胞乃至细胞核中去寻找遗传物质和遗传规律的想法。也正是沿着这条路径，最终实现了通过使用物理、化学及因果推理等实验和逻辑方法对基因实体的验证。因此，从这个意义上讲，我们说经典遗传学中的基因概念是本体论上还原论的产物。

从经典遗传学中基因概念到分子遗传学中基因概念的还原是认识论或方法论上的还原论。对经典遗传学的还原问题，一直是生物学哲学中的一个重要问题。虽然，由逻辑经验主义所强调的强还原论观点在生物学哲学中很难成立，但是，仍然有很多生物学哲学家相信，可以通过弱的还原论观点来实现从经典遗传学到分子生物学的还原。例如，沙夫纳尔就认为，经典遗传学的问题可以被还原到分子水平的遗传去研究，就像理想气体的理论可以被还原为分子热运动的理论来解释。他还通过对这种遗传学中的还原作为对逻辑经验主义的辩护①。虽然他的观点没有受到广泛的支持，但是同时还有许多其他的生物学哲学家也都提出了不同的还原论思想。例如，赫尔不止一次地强调从孟德尔遗传学到分子遗传学的还原作为一个案例具有范式的意义②。由于经典遗传学与分子生物学理论模型之间的差异，辜森斯（W. K. Goosens）认为还原的问题在遗传学的案例中并不是关键所在，这个问题的核心在于对于遗传学的研究是否可以由经典遗传学转化为分子遗传学的研究范式③。

如上所述，还原论的思想指的是对实体还原及理论还原的一种认识与态度。但是，还原的方法则与之不同。还原的方法指的是一种研究的策略，是实验研究过程中的一种操作手段。人们通过对还原方法的运用，将研究对象由整体分解为部分，或者由高层次分解为低层次，然后再由部分或低层次之间的组合来解释整体的功能。例如，对基因的研究由最初抽象的遗传因子，到染色体，再到 DNA，再到 DNA 上的碱基序列，乃至于到碱基上某一原子的变化。正是这种还原的方法促进了分子生物学科学实验的发展，也正是这种还原的方法极大地提高了人类对基因的认识水平和控制能力。这些都充分地说明了还原方法是一种完善的科学研究方法，也是一种有效且必要的科学研究方法。

然而，随着研究对象的不断被还原以及研究对象不同层次之间的复杂性，还原方法的不断应用反而带来了对还原论的诘难。例如，对基因不断还原研究的过程中，跳跃基因、割裂基因、假基因、套装基因、蛋白质修饰和剪接等的出现，反而造成了对基因概念本体论还原的冲击。

因为，对还原方法的运用很多时候都需要人们对复杂的对象进行简化，这样一来就会带来信息在真实度上的缺失。所以，在面对系统性的、整体性的、高层次的研究对象时，还原的方法往往都会显得是不充分的。在这里我们强调的是，对于基因的研究，还原的方法是一种可行的方法，

---

① Schaffner K. Approaches to reduction. Philosophy of Science, 1967, 34: 137-147.
② 赵斌. 语境与生物学理论的结构. 山西大学博士学位论文, 2012: 174.
③ Goosens W K. Reduction by molecular genetics. Philosophy of Science, 1978, 45: 93.

是一种十分有效且必要的方法。在研究的过程中，由于关注的问题不同或者具体还原的困难，对基因的研究也需要在不同的层次及不同的方面进行。我们从不认为分子生物学家都在沿着错误的方向进行着他们的实验。我们反对的只是，部分还原论者鼓吹要用分子的活动来解释生命现象。正如很多学者所说的，"生物学当代运动的最终目标事实上就是根据物理学和有机化学解释生物学"[①]。"基本上所有的生物学家都已确认生物体的特性可以从小分子和大分子之间协调的相互作用来理解"[②]。"不管怎样，我们将会看到生物学作为一门独立的学科将来终有一天会消失"[③]。"生物学最好能成为物理科学的一个分支，一个能够通过运用物理科学方法，现在特别是物理学和有机化学的方法发展的独立分支"[④]。

2. 基因理论的还原困境

还原的问题，自古以来就是哲学家和科学家关注的焦点。对于生物学及生物学哲学而言，也毫不例外。自从生物学哲学兴起以来，这个问题就一直被生物学哲学家所关注。对这个问题的讨论，我们可以简单地将其分为两个阶段：对生物学自主性问题讨论的阶段和对生物学理论还原问题讨论的阶段。

19世纪末20世纪初，由于近代科学的迅猛发展以及还原方法在各学科中的成功应用，在当时，人们掀起了一股用还原方法去统一科学的哲学潮流。他们认为所有的学科都可以通过还原的方法最终归结为物理学。代表人物有普特南、内格尔、奥本海默、克里克、沃森等。在生物学中，他们利用杠杆原理解释肌肉牵动骨骼的运动，用流体力学原理解释生物体血液的循环。他们将还原作为其科学研究的思想基础。其中，最典型的是德国的生理学家和物理学家亥姆霍兹，他强调，自然科学的最终目的是将自然界的一切过程还原成作为这些过程基础的运动并探索它们的推动力，也

---

① Crick F. Of Molecules and Men. Seattle：University of Washington Press, 1966：10-12.
② Watson J D. The Molecular Bology of the Gene. New York：Keith Roberts Publisher, 1970：67.
③ Ruse M. Philosophy of Biology. London：Hutchinson & Co. LTD., 1973：19.
④ Rosenberg A. The Structure of Biological Science. Cambridge：Cambridge University Press, 1985：13-16.

就是说，把它们还原为力学。这样的还原观点在研究近期原因的生物学领域中往往是可行的，企图作这样的分析即使失败一般也具有启发性。这是由于生理过程归根结底确实是化学或物理过程①。与此同时，也有一些哲学家和科学家声称，科学的多元性是合理的，因为世界本身就是多元的。世界在其发展过程中形成了不同的层次和组织，在不同的层次和组织上就可以形成不同的学科，而且这些学科之间是不能还原的。一些著名的哲学家和科学家，如摩尔根、波普尔、邦格（M.Bunge）、阿亚拉、迈尔等都是这种观点的支持者。对于生物学自主论者而言，虽然物理、化学的方法在分子生物学中的研究取得了巨大的成果，但是，物理学和化学的方法并不完全适用于生物学。生物学真正重要的目标以及这些目标的适当的方法，与其他学科的目标和方法是如此不同，以至于生物学的理论和实践必须与物理学的理论和实践保持持续的距离。与非生命的现象不同，生物学虽然可以自由地借助于物理学的理论和方法，但是，生物学在定律、概念、理论模型等方面都具有其独立性。

  显然，我们不能否认还原方法在生物学发展中的重要作用。但是，纯粹的还原论一定是片面的、不利于生物学发展的。

  理论还原是指逻辑经验主义倡导的以演绎逻辑为基础的，主要讨论学科中理论之间的相互关系，认为复杂的或高层次的理论或定律可以由简单的或低层次的理论或定律推导出来，从而追求一种科学理论的统一。"逻辑经验论的理论还原的主张不仅是作为科学中理论还原方法的一种表达，而且是作为科学进步的基本规律和科学研究的基本纲领，即通过理论还原而达到科学统一的纲领而进行的论证。"②在生物学哲学中迈尔、赫尔、沙夫纳尔等都对生物学的理论还原进行过讨论。讨论的焦点更多的在于经典遗传学是否可以被还原为分子遗传学，或者说分子遗传学的解释是否都可以作为整个遗传学甚至是进化论的解释基点。而其中基因概念的还原又是

---

① 恩斯特·迈尔. 生物学思想发展的历史. 涂长晟等译. 成都：四川教育出版社，2010：79.
② 张华夏. 兼容与超越还原论的研究纲领——理清近年来有关还原论的哲学争论. 哲学研究，2005，7：115-120.

遗传理论还原的核心。经典遗传学和分子生物学理论边界的不同，导致了基因概念在两种理论中语义边界的差异。也正是这种差异造成了基因概念在两种理论之间的不可还原。但同样，基因概念的语义在两种理论之间也不是简单的取代。

下面我们将通过语义分析的方法，对两种理论中基因概念还原的案例进行分析。

经典遗传学中的基因概念是基于孟德尔的豌豆杂交实验及他提出的自由组合和分离定律。而分子生物学中的基因概念是基于中心法则，以及 DNA 的半保留复制、转录、表达内容等。后者的基因概念衍生于前者，它们之间必然存在语义的关联。但是，由于两者理论边界的不同，它们概念的语义之间又必然是不可通约的。因此，想要实现两者之间的关联，就必须建立它们之间的还原关系。

如果按照以内格尔为代表的强的还原策略，即认为在还原的过程中被还原的理论之间必须严格地具备一对一的还原关系，在概念的语义上也必须保持高度的对应性。就像如果 $Ax \to By$、$Zx \to Ax$、$By \to Wy$，那么 $Zx \to Wy$。在经典遗传学还原的过程中，这一点显然几乎无法实现。因为，在经典遗传学中：①基因具有染色体的重要特性，能自我复制，相对稳定，在有丝分裂和减数分裂时有规律地进行分配，是遗传的结构单位；②基因不可分割，是交换的最小单位，亲代性状在子代重新组合时，它是重组单位；③基因是以整体进行突变的，因此，在解释新性状时，它是突变单位。基因集功能单位、结构单位、重组单位和突变单位为一体。而在分子遗传学中，分子水平的基因是基于化学过程的研究，是 DNA 上一段连续抑或不连续、固定抑或不固定、表达抑或不表达、某一基因对应某一性状抑或多个基因对应某一性状等的片段。显然，经典遗传学中的基因概念与分子生物学中的基因概念无法满足强还原论策略的一对一转化。通过分子遗传学中这种复杂的、难以尽述的甚至是难以确定的 DNA 片段去追索孟德尔简单的、直观的生物性状几乎是无法完成的。正如赫尔所言："假如分子遗传学与经典遗传学之间是一对多或者多对多的关系，那么，它们之间的演绎将是不可能的。"[1]

根据弱的还原策略,认为新旧科学中的概念不是简单的替代与被替代的关系,而是一种相互的关联。他们的表述可以表示为:(Cx V Ax)→(By V Dy)Zx→(Cx V Ax)(Dy V By)→Wy,那么 Zx→Wy。就像赫尔,他的观点是还原在有限的条件下是可能存在的。他认为,分子生物学与经典遗传学之间的理论并不是替代与被替代的关系。"首先,将已经成熟的经典遗传学还原到许多选择性分子结构模型,构成点到面的关系(one-many relation),而这一还原推理只能由分子结构层面到经典遗传学层面单向进行,如果反过来进行便会出现推理不充分的情况;其次,尽管所有的经典遗传层面上的表现型都可以还原为相应的分子结构模型,表现出面对面的关系(many-many relation),但这无疑会带来令人望而却步的复杂性。一个由单一经典遗传学模式所表述的现象将会被转化为由许多不同类型的分子机制来表述,反之,具有相同分子机制的现象可能需要许多的经典遗传学模式来说明。"[2]虽然,赫尔始终对这样的还原问题保持乐观的态度,但是,他也承认这种还原推导过程中的困难。同时,他也承认,逻辑经验主义对经典遗传学与分子生物学之间的理论还原,不仅没有提供帮助反而起到阻碍的作用。

事实上,即便是依据弱的还原策略,遗传学的理论还原同样很难实现。假如,就像还原论者认为的,将经典遗传学中的基因还原为分子生物学的 DNA 片段,我们将两者之间的语义进行简单的分析。首先,在两种理论中,基因都作为功能的单位。但是,对于经典遗传学而言,基因只是对应于生物性状特征的功能单位,而在分子生物学中,基因是对应于 DNA 表达产物的功能单位。其次,在两种理论中,基因都具有突变和重组的特性。但是,对于经典遗传学而言,基因是作为整体,承担突变和重组的单位。而对于分子生物学而言,突变和重组的单位不再是基因,而是

---

[1] Ruse M. Reduction in genetics//Sober E. Conceptual Issues of Evolutionary Biology. Cambridge, London: MIT Press, 1984: 447-452.

[2] Hull D. Philosophy of Biological Science. Englewood Cliffs: Prentice-Hall, INC, 1974: 37-39.

DNA 片段上的某一个或某几个核苷酸。等等之类。我们可以发现，在两种理论中，基因的概念只能呈现一种整体上的模糊性对应，而这种模糊的对应性无法被转化为不同理论内部具体概念语义的对应。如果经典遗传学中基因能够等同于分子生物学中的基因，那么，就有可能实现从分子生物学到经典遗传学的推导。显然，不同理论中概念之间语义关联规则的不确定性，会成为理论间还原的一大障碍。

无论是强还原论策略还是弱还原论策略的支持者，他们都忽略了一个问题，经典遗传学与分子遗传学分别处于两个不同的语境层面。经典遗传学依赖于功能主义的说明语境，而分子遗传学则依赖于物理语境下的不同模型的语境解释。语境的差异便造成了两者之间还原的困境。然而，无论是还原论者，还是反还原论者，我们认为，对基因本质的理解都应该是在语境论的基底上，对其进行语形、语义及语用的统一分析才能实现。

三、基因概念的语境论解释

语境论作为一种非本体论的世界假设，有着一套独特的概念体系和思想主张，即事件或行动是语境敏感、语境依赖和语境限制的 [1]。要理解事件和行动的意义，就必须研究它的语境——事件或行动得以展开的各种关联因素。在认识论上，语境论主张知识归属的真理性随语境变化，而且这种归属在语境中形成和评价 [2]。尤其是对于生物学而言，其理论结构的层次性，使得在不同的层次上都会有特定的定律发现。同一概念在不同层次理论间的意义如何被界定？不同层次理论间的关系如何被建构？"语境实际上是一种横断的科学哲学方法论研究的平台。" [3]

1. 基因概念的语境分析及其意义

前文对基因概念的语义变迁进行了分析。但是，这里需要强调的是，这种语义分析并不是孤立的。而是与基因概念在特定时期的语形表达与语

---

[1] Hayes S，Reese H，Sarbin T. Varieties of Scientific Contextualism. Reno：Context Press，1993.
[2] Pryor J. Highlights of recent epistemology. British Journal for the Philosophy of Science，2001，52：96.
[3] 郭贵春. 语境论的魅力及其历史意义. 科学技术哲学研究，2011，1：1-4.

用选择有机地统一在一起。任何时期的基因概念都只有在其特定的理论背景、社会背景及历史背景等特定的语境下，才能实现其特定语用的语义值。按照语境分析的方法，我们可以将基因概念意义实现的语境结构表示如图 2.10 所示。

图 2.10　基因概念意义实现的结构图

成素梅教授在《语境主义科学哲学的基本原理及科学进步观》一文中，将理论描绘的可能世界逼近真实世界的过程以及理论间更替关系的表述表示为：前语境阶段→语境确立阶段→语境扩张阶段→语境转换阶段→新的语境确立阶段……[①]

结合这样一种理论发展的模式，我们可以发现，基因概念的前语境阶段便指孟德尔豌豆杂交实验之前，人们在对遗传现象观察和总结的基础上，从思想上抛弃了旧理论，确立了遗传的粒子性，并提出了大胆的猜测和假说，如达尔文泛生论及魏斯曼的种质连续假说等。在这样的背景下，"芽球""种质"作为基因的表现形式实现了其作为遗传和发育的单位以及作为不具有可检验性思辨产物的意义。之后，孟德尔通过豌豆杂交实验，使用数学定量分析的方法，实现了基因概念语境的确立。此时，遗传因子成为基因的表现形式，并拥有了自由组合和分离的意义，从而建立了基因概念最初的理论说明模型。之后，摩尔根确定了基因是染色体上的片段，将基因变为功能单位、突变单位及重组单位的统一体；沃森和克里克确立了 DNA 的双螺旋结构；麦克林托克发现了跳跃基因；罗伯茨和夏普发现了割裂基因……旧的语境不断被打破，新的语境不断被确立。在这种不断语境化与再语境化的过程中，基因概念的语义不断实现扩张及转变。

[①] 成素梅. 语境主义科学哲学的基本原理及科学进步观. 洛阳师范学院学报，2007，3：27-33.

"语境论的科学哲学主张把语境作为阐述问题的基底,把语境论作为一种世界观与方法论,认为科学家的所有的认知活动都是在特定的自然、社会、语言和认识语境中进行的,科学理论是一定语境条件下的产物,在一个语境中是真的科学认识,在另一个更高层次的语境中有可能会被加以修正甚至被抛弃。这种修正或抛弃是在再语境化的基础上进行的。"[1]那么,语境分析对于基因理论研究的意义何在?

语境论的方法论可以使对基因理论的研究实现层次分析,使基因研究的范式系统化,以及使基因理论多元化。在传统的非语境论的研究纲领中,人们往往强调的是某一个特定的实验对一个特殊假设真值的检验。而在语境论的研究纲领中,我们通过对理论层次的分析,实现概念在特定语境下的意义。在对基因理论分析的问题上,究竟是应该沿着经典遗传学功能解释的路径,还是分子生物学物理主义的解释路径进行?究竟是应该以还原论的思想为研究基础,还是应该以整体论的思想为研究基础?语境论的观点认为:"在研究过程中面对变与不变的解释困境时,总是自觉地选择把什么当成是真的,把什么当成是构建的。而实现这种'自觉选择'的方法便是语义上升和语义下降。"[2]也只有在这种多层次、系统化、理论多元化的语境分析中,研究者才不会在对基因意义分析的过程中受到特定语境的限制,也才不会导致基因概念意义的局限性。

2. 基因概念解释语境的变迁

纵观生物学历史的发展,生物学解释模式的多样性是其学科进步的一个重要因素。如果按照解释类型的划分,生物学中有适应解释、发生学解释、目的论解释或功能解释、因果解释等[3]。其中,适应解释是进化生物学家持有的模式,它关注个体性状与适应性的问题。正如索伯所说:"适应解释首先而且更重要的是一种研究纲领。适应主义的纲领应做如下理解:大多数种群中的大多数性状都可以通过一个在其中仅考虑选择因素而

---

[1] 郭贵春. 语境研究纲领与科学哲学的发展. 中国社会科学, 2006, 5: 28-32.
[2] 杨维恒, 郭贵春. 生物学中信息概念的语义分析. 自然辩证法研究, 2013, 8: 20-25.
[3] 李金辉. 生物学解释模式的语境分析. 自然辩证法通讯, 2010, 3: 11.

其他非选择因素被忽略的模型而得到解释"①。发生学解释又被称为历史解释。它通过对特定历史事件的具体分析，来论证特定的生物学理论。这种解释模式往往处于古生物学的研究传统中。目的论解释或功能解释是以整体论的思维特征为基础，通过对生命现象不同层次的分析，实现对生物体整体特征的解释。它属于生物学中博物学的研究传统。因果解释的模式强调因果决定的演绎特征，它关注于不同层次理论间的逻辑演绎，认为"解释就是从解释项中合规律地导出被解释项的一种逻辑关系"。①它是分子生物学的一种研究传统。

不难看出，不同的生物学解释模式是受研究者的专业领域以及其所处的社会背景、历史背景、理论背景等因素限制的。生物学解释模式的多样性本质上是由生物学解释语境的多样性决定的。每一种解释模式都是在其特定的解释语境下对其理论的语境性分析。同样，基因概念的发展也离不开其解释能力的进步。而这种解释能力的进步正是建立在其解释语境的变迁之上。

孟德尔通过豌豆杂交实验，实现了基因概念语境的确立。这个实验的成功主要在于其精密的实验设计以及复杂的统计学定量分析。虽然，直到 20 世纪，孟德尔遗传定律才被重新发现，但是这种科学的实验方法却开创了生物学研究转变的先河。在近代第一次科学革命时期，科学的方法进入了科学家及哲学家的视野。科学是实验的科学，科学就是在用理性方法去整理感性材料，归纳、分析、比较、观察和实验是理性方法的主要条件。同时，化学和物理的方法进入生物学实验的研究中，奠定了在这一阶段中基因理论分析的语境基础。例如，缪勒（H. J. Muller）通过使用 X 射线对果蝇的照射发现了突变的性质。格里菲斯（F. Griffith）、艾弗里（O. Avery）等通过肺炎双球菌的体内、体外转化实验确定了核酸为遗传的物质基础。在这一阶段中，物理、化学的方法在生物学中的使用引发了生物学解释的突破。人们对基因的解释由最初归纳分析的模式进入了物理化学分析的解释模式。因此，当时的生物学家大多数都持有一种强烈的信念：

---

① Sober E. Philosophy of Biology. Boulder：Westview Press，1993：122.

只要将物理和化学的方法应用于最简单的生物体上，生命的原理就能得到解释。在当时，分子生物学也被定义为综合应用物理学、化学和遗传学研究生命过程的科学①。然而，由于当时认识水平的限制，人们对基因的解释并没有真正进入分子水平的因果解释模式。

孟德尔遗传因子的确立拉开了基因理论分析模式解释的序幕。但是，直到 DNA 双螺旋结构的确立才开启了基因理论分子水平因果解释模式的新时代。DNA 双螺旋结构的确立不但符合之前所有解释对基因的描述，成功地承袭了对基因已有的解释，同时还打开了生物学解释领域一扇新的大门。DNA 双螺旋结构确立之后，克里克在 1958 年提出了分子生物学的理论基础——中心法则。之后，生物学家用 A、T、C、G 四个字母表示 DNA 链上的四种碱基。并且，在任意一段双链 DNA 上都满足：A+T=C+G，A=T、G=C。四种碱基可以以任意的序列排列。碱基排列的多样性及特异性决定了生物体性状的多样性和特异性。与此同时，遗传密码的概念自然地被引入。每三个连续的核苷酸组成一个三联体，对应于蛋白质的一个氨基酸。并且，所有的生物都遵循同一套遗传密码。所有的这一切都为形式化的逻辑体系在基因研究中的成功引入奠定了基础。形式化逻辑体系在基因研究中的确立，使得生物学家可以通过对符号形式的分析研究解释微观的生命现象。DNA 芯片、PCR 技术、生物信息学等基因技术与理论都是在这种形式化逻辑体系的基础上存在和发展的。在这一阶段中，生物学家对基因的研究虽然早已进入了复杂性的阶段，对任意基因的研究都必须采用综合的手段。但是，还原主义的解释模式依然是这一阶段研究的基础。物理、化学的层次依旧被认为是解释的起点。

随着人们认识水平的提升，人们对基因结构和功能的认识也越来越透彻，如跳跃基因、割裂基因、重叠基因、垃圾 DNA、蛋白质修饰等一系列的新发现。这早已使得基因与性状之间不再是一对一的关系，DNA 片段与 DNA 片段之间不再是独立的关系。随着对基因研究内容的深入和研究范

---

① 霍格兰 M. 探索 DNA 的奥秘. 彭秀玲译. 上海：上海翻译出版社，1986：34.

围的扩大，之前实验室的研究模式已经被如今大规模集约型的研究模式所替代。很多时候出现的都是多个实验团队之间合作的模式。此时，人们不仅提出了基因组的概念，甚至还提出了后基因组时代的概念。"'后基因组时代'并不意味着人们已经知道了所有生物种类的基因组序列，而是说应该在测定基因组序列'后'开展研究。"①在这一阶段中，生物学家对基因的研究已经从局部观发展到了整体观，由之前的逻辑演绎的线性思维发展到系统论的复杂性思维，从之前的注重还原分析的方法发展到分析综合相结合的方法。

总而言之，对基因的研究经历了归纳分析、化学分析、分子水平的解释模式、形式化的逻辑分析、分析与综合相结合的方法等阶段。通过分析，可以发现，在每一阶段中，生物学家对基因的研究都是在其特定解释范围的平台上展开的。特定解释范围的解释平台就构成了基因分析的解释语境。正是这种特定的解释语境规定着生物学家对基因的解释与描述。也正是在这种特定解释语境的变迁中实现了基因概念的发展。

第三节　基因理论发展过程中的隐喻思维

20世纪60年代以来，从隐喻的角度认识科学模型就已开始。布莱克在其著作《模型与隐喻》中提出相互作用理论。之后，玛丽·海西（Mary Hesse）在其《科学的模型与类比》一书中将这一观点进一步加强。随后，越来越多的学者开始探讨两者之间的联系、区别及相互作用等。从隐喻的角度去分析科学模型已逐渐成为一种颇具影响力的理念。而作为分子遗传学的核心单位——基因，其丰富概念的演变恰恰是通过隐喻来向人们展示的。因此，对基因模型与隐喻的关系进行探讨则显得十分必要。在这里，我们主要关注的是，隐喻是如何透过基因模型渗入科学、

---

① 吴家睿. 后基因组时代的思考. 上海：上海科学技术出版社，2007：96.

DNA 双螺旋模型建构中的隐喻思维，以及基因模型构建过程中隐喻的方法论功能等问题。

一、基因概念的转移与隐喻

隐喻同人的思维相联系，是人们产生新概念的重要方式。正是因为如此，隐喻进入了科学哲学的研究视野之中。而具体到科学哲学中，隐喻同新概念的产生，或者说同科学模型的构建有什么关系，自然成了被关注和探讨的问题。借用布朗（T. L. Brown）的观点"科学中的隐喻起着解释和激发新实验的作用；模型是扩展了的隐喻，提升了隐喻的推演，同时隐喻又影响了对模型的理解和运用"[1]，很显然，布朗在这里提到了隐喻对科学模型的作用。但同样模型对隐喻也起着关键的作用。模型启发了科学隐喻的形成，或者说是隐喻通过科学模型渗入到科学理论之中。而隐喻一旦形成，又反过来促使科学家去思考更多的问题，从而构建新的模型。隐喻与科学模型的这种相互启发作用促使科学研究不断走向深入，而这种深入在科学概念的转移和变化中得以实现。

库恩在其范式的不可通约性理论中解释，不同的科学研究范式之间是不可通约的，一旦新范式产生，一套新词汇和新概念也随之诞生。虽然库恩过多地注意到了不同范式之间的差异，甚至将这种差异绝对化为范式之间的不可通约，但是他指出了科学中的一个事实——概念意义的变化和转移。

科学研究的历史继承性使得科学概念的意义必然要进行变化和转移，而不是在新旧理论的更替中不断重新定义新的词语。正如约翰逊脑中的基因与沃森和克里克眼中的基因内涵一定是不同的。但是，这些新含义并不是如库恩所认为的那样，同过去不再有任何联系，一般情况下，它们同旧术语指称同一实体。

在这里我们关注的是基因的概念是如何变化和转移的。我们认为应该

---

[1] Brown T L. Making Truth. Chicago: University of Illinois Press, 2003: 30.

是隐喻性地转移，或者说基因概念是依赖特定语境通过隐喻转移的。

概念具有具体和抽象之分。能够被肉身直接体验的称为具体概念，不能通过肉身直接检验的则为抽象概念。对于那些可感觉的具体概念，科学家们可以采用词语的字面意义加以表达，并且人们也可以不用借助其他术语就能理解它们的含义。但是，对那些不能被肉身直接感受的抽象概念，则需要借助具体概念的隐喻表达来实现对它们的理解。当人们所获得的知识发生变化时，具体概念与抽象概念所依赖的语境也都发生了改变。对概念的理解也要进行相应的调整，概念的意义也就因此实现了变化。而这种概念意义的变化一定是在特定的语境（包含科学概念转移所依赖的整个背景等）中，依赖于隐喻实现的。基因概念也同样是依赖于特定的语境隐喻地发生转移的。

"基因"一词是英语 gene 的音译，是"开始""生育"的意思。它源于印欧语系，后变为拉丁语的 gM（氏族），以及现代英语中 genus（种属）、genius（天才）、genial（生殖）等诸多词汇[①]。1909年，丹麦学者约翰逊提出了基因这一概念，用以替代孟德尔的遗传因子概念。用基因来指称生物中控制遗传性状而其遗传规律又符合孟德尔定律的遗传因子。我们首先来看约翰逊提出基因概念的语境。

1865年，孟德尔提出了遗传颗粒学说。但在当时并未受到人们的重视。直到1900年，孟德尔定律才被重新发现。荷兰阿姆斯特丹大学教授休戈·德弗里斯、德国多宾根的植物学家卡尔·艾利契·科仑斯、奥地利农林学院讲师艾利契·冯·切尔马克-西森内格三位科学家分别在不同的地方，根据其各自的实验重新验证了孟德尔定律。约翰逊正是根据重新发现的孟德尔定律，在其再版的《遗传学原理》一书中提出了基因这一概念。显然，因以上三位的实验而重新发现的孟德尔定律构成了约翰逊提出基因概念的基础，成为他隐喻性地表达基因的源域。正是由于约翰逊认识到孟德尔的遗传因子的特性与德弗里斯泛生子的特性之间的高度相似性，

[①] 白玄，柳郁. 基因的革命. 北京：中央文献出版社，2000：25.

他才采用了一个缩短了的泛生子（pangen）一词的衍生词——基因（gene）来描述遗传性状的物质基础。当他提出基因一词时，实际上已将"彼此分离""自由组合"隐喻性地赋予了基因，而基因的遗传特性都可在孟德尔定律中的遗传因子中找到隐喻表达的原型。因此，我们说约翰逊提出的基因概念只不过是对之前的孟德尔定律中遗传物质这一实体的隐喻性表达。而这种表达的意义就在于将具体的物质抽象化了，抽象化了的基因概念的出现对基因的物质结构、生化功能、物理性质等新的研究又起到了进一步的促进作用，关于基因的科学研究就是沿着这样一条线索进行，而科学研究取得的新成就又构成了基因概念转移意义的新的模型框架。

1928年，当摩尔根在其《基因论》中最终总结自己的理论时"认为个体上的种种性状都起源于生殖质内成对的要素（基因），这些基因互相联合，组成一定数目的连锁群；认为生殖细胞成熟时，每一对的两个基因依孟德尔第一定律而彼此分离，于是每个生殖细胞只含有一组基因；认为不同连锁群内的基因依孟德尔第二定律而自由组合；认为两个相对连锁群的基因之间有时也发生有秩序的交换；并且认为交换频率证明了每个连锁群内诸要素的直线排列，也证明了诸要素的相对位置"[①]。

在这里，摩尔根对基因的阐述是隐喻性的，从字面意义上我们不能明确理解"基因互相联合，组成一定数目的连锁群""相对连锁群的基因之间有时也发生有秩序的交换""交换频率证明了每个连锁群内诸要素的直线排列"等。这些表述只有放在特定的语境中才能理解其中所包含的意义。虽然，可以借助孟德尔定律去理解"彼此分离""自由组合"等，但是对"连锁群的基因""有秩序的交换""相对位置"等的意义，只能在新的语境中才能加以理解。在摩尔根提出其新的基因理论之前，1900年威尔逊就明确表示细胞核是基因的载体；萨顿在其染色体理论中也指出基因是染色体的一部分，并使用了等位基因这一新术语；比利时细胞学家詹森斯也提出了染色体的交叉型假说等。这些理论共同构筑了一个模型框架，

---

① 摩尔根 T H. 基因论. 卢惠霖译. 北京：科学出版社，1959：18.

为摩尔根提供了对基因进行隐喻表述的源域。

随着遗传学、物理学、结构化学等学科的发展，基因的物质基础——脱氧核糖核酸（DNA）的确定，以及 DNA X 衍射照片的出现等都构成了科学家理解基因概念的新的模型框架，形成了科学家重新理解基因意义的新语境。在新的语境下，1953 年，沃森和克里克建立了 DNA 双螺旋结构模型，并明晰了基因的半保留复制。在这种新的语境下，基因不再是经典遗传学中抽象的、不可再分的遗传单位，而是以 DNA 作为化学实体的一个有遗传功能的片段。显然，这些表述也都是隐喻性的。随着科学语境的不断变化，遗传密码的发现、中心法则的提出、跳跃基因的出现等这些隐喻性的理解又都极大地丰富和发展了基因的概念。

由此，基因这一概念隐喻构成了人类认知基因的基础，同时在其认知活动中发挥着重要且不可替代的作用。当约翰逊有意识地创造出基因这一科学隐喻时，他其实已无意识地利用了常规隐喻系统的机制。从潜在的意义上看，此时基因提供了一种无限的言辞表达法序列。然而，当基因在语言中被现实化以后，就需要提出一个共同的语义学网络。在整个实践的过程中，只有特定的一部分——基因论、双螺旋结构、遗传密码等，在无限的言辞表达法序列中被最终的现实性转化，成为语言共同体约定俗成的确认。但是，"这个言辞表达法序列的其余部分随时都有可能在不同的语境中被引入言语系统"①。从这一意义上而言，概念隐喻本质上就是一种概念化以及依赖特定语境再概念化的过程。这也就是我们上文所要表述的：不同时期的基因概念之间有着明显的差异，而这种差异正是对它们所依赖的科学背景差异性的反映。科学背景的差异使得科学家理解基因概念的隐喻语境发生变化，依赖隐喻语境构造的基因概念也就随之发生变化，即基因概念依赖特定的语境隐喻地发生了转移。

综上所述，科学概念构成了科学认知活动的基础，隐喻构成了科学概念的基础。概念隐喻的认知结构构成了隐喻思维的基本组成元素，隐喻思

---

① 安军，郭贵春. 科学隐喻认知结构与运作机制. 科学技术与辩证法，2008，10：1.

维则实现了概念隐喻认知结构的整合和统一。而这种整合和统一是依赖于特定的语境而完成的。

二、DNA 双螺旋模型建构中的隐喻思维

科学模型作为科学理论的核心，其在科学创造中的关键作用已被越来越多的科学哲学家及科学家所认可。深入科学的实践中看，我们不难发现，绝大多数科学研究的程序不是现象、实验、理论，而是现象、模型、实验、理论。构建模型成为科学研究中的一个重要环节，也成为科学探索的捷径。面对复杂的事物，科学家往往是选择构建一个不完全等同于真实客体的理想模型，然后对模型进行研究，如物理学中的质点、理想气体、自由下落模型，化学中的原子模型，生物学中的细胞模型、DNA 双螺旋模型等。这些模型均是经过一系列的信息变化，滤去真实客体的某些特征，又通过科学家的想象力及抽象思维，增补了另外一些特征的理想化客体，使得模型不再是原型的纯粹镜像式映射，而在某种程度上已经成为可以被科学家研究的对象。正如邦格所说："一个系统的理论模型，它包括了它的一个模型，即实际或假象体系的表达图式。"[①]而模型对真实对象的简化及表征作用使其具有明显的隐喻特征。

科学模型的这种隐喻性特征正是建立在模型与原型的某些本质属性的相似性基础上的。人们所要解决的问题大多处于一种复杂的环境中，而这种复杂的环境使得科学研究难以入手、困难重重。科学模型可以有选择性地抛弃某些次要的因素、关系和过程，通过人们的观察、实验和分析，突显出人们所关注的问题的主要矛盾。这虽使得科学模型与原型之间没有必要必须满足外部特征、结构及质料等方面的一一相似，但针对所要解决的科学问题，模型与原型之间在本质属性方面的相似性却必不可少。隐喻思维正是人脑通过对这种相似性的加工、处理，使得原本看似不相似的两个事物放置在一起，通过已知事物认识、理解未知事物的一种思维过程。显

---

① 马里奥·邦格. 物理学哲学. 颜锋，刘文霞译. 石家庄：河北科学技术出版社，2003：73.

然，这种思维是区分于归纳和演绎这两种纵向思维的，它是一种由此及彼的横向思维。在 DNA 双螺旋模型建构过程中，隐喻思维发挥了重要作用。

使用建模的方式建立 DNA 的螺旋结构，判断 DNA 的双链结构，解决 DNA 双链之间的碱基互补问题，是沃森和克里克在建立 DNA 双螺旋模型中不可逾越的三个关键问题。正是对这三个问题的敏锐判断，使得他们成为这场科学竞赛的胜利者。而这三个问题的解决，隐喻思维都发挥了至关重要的作用。

在沃森和克里克建立 DNA 结构模型之前，美国的鲍林已经通过建立模型的方法成功建立了蛋白质 α 螺旋结构模型。正是这一事实对他们的启发，使他们想到了用同样的方法建立 DNA 结构模型。沃森认为："没有理由相信用同样的方法我们解决不了 DNA 的问题。我们所要做的只不过是制作一套分子模型，开始摆弄就行了，如果幸运的话，DNA 结构可能也是一种螺旋。而其他构型就太复杂了。如果还没有排除答案是简单的这种可能性，就担心问题是很复杂的，那将是非常愚蠢的。"[1]此时，并不是归纳和演绎这两种纵向思维，而是从蛋白质 α 螺旋模型到 DNA 螺旋模型，从特殊模型到特殊模型的横向隐喻思维发挥了作用。也正是这种理性与非理性相互交织的横向隐喻思维，使他们得到了正确的方法，并准确确立了 DNA 结构的螺旋性。而当时的罗莎琳·富兰克林认为"并没有什么证据证明 DNA 结构呈螺旋状"[2]，并且认为只有通过对 DNA 的 X 射线图谱的分析才能最终得到 DNA 的真实情况。然而，她却没有能够第一个到达比赛的终点。

在 DNA 双螺旋模型被提出之前，沃森和克里克、波林和科里以及弗雷泽都提出过 DNA 的三链结构模型。但是，这些模型最终都没有完成对 DNA 的准确表征。正是双链结构的确立，使得沃森和克里克能够在这场

---

[1] 詹姆斯·沃森. 双螺旋——发现 DNA 结构的个人经历. 田洺译. 北京：生活·读书·新知三联书店，2001：41.
[2] 詹姆斯·沃森. 双螺旋——发现 DNA 结构的个人经历. 田洺译. 北京：生活·读书·新知三联书店，2001：75.

科学竞赛中领先于其他选手。而双链结构的确立又是隐喻思维作用的结果。一次偶然的机会，让沃森认为，"生物界频繁出现的配对现象表明我们应该制作双链模型"①。这充分体现了隐喻思维在科学发现过程中的启发性功能以及发散性和创造性特点。同样，在解决碱基的互补问题时，又是模型的隐喻性特征发挥了作用。在缺乏具体的金属原子模型时，沃森用纸板制作了碱基模型。正是对这种简单模型的无意间地来回拼凑、移来移去，使他发现了嘌呤和嘧啶之间的配对关系。这种从纸板模型喻体到碱基分子本体之间的建构性桥梁作用正是隐喻思维来完成的。

总之，DNA 双螺旋模型建构的过程，体现了从科学隐喻到科学模型，从非严格逻辑到严格逻辑，从无意识的直觉性到意识性突出主体建构的特点。尤其是在面对基因这种尚未被认识的对象时，隐喻思维的启发性、发散性和创造性等特征都突出地体现了其重要作用。也正是具有以上特征的隐喻思维，构成了人类传统的归纳逻辑和演绎逻辑这两种纵向思维的必要补充。这也许就是为什么沃森和克里克在其《核酸的分子结构——脱氧核糖核酸的一个结构模型》一文中，最后说道："当我们设计我们的结构时，我们并不知道那里提出的结果的细节，我们主要是根据已发表的实验数据和立体化学的论证，但并非完全根据它们。"②

三、基因模型构建过程中隐喻的方法论功能

基因这一概念隐喻的形成，促使生物学家对基因的物质结构、生化功能、物理性质等问题的不断研究，以及生物学家对基因模型的不断构造。而新的模型的建立又会启发新的科学隐喻的形成。正是模型与隐喻的相互启发作用，促使生物学家对基因的研究不断走向深入。那么我们就有必要探讨基因模型构建过程中隐喻的方法论功能。在这里我们主要探讨一下隐喻对科学理论的发明功能及表征功能。

---

① 詹姆斯·沃森. 双螺旋——发现 DNA 结构的个人经历. 田洺译. 北京：生活·读书·新知三联书店，2001：138.
② 沃森，克里克. 核酸的分子结构——脱氧核糖核酸的一个结构模型. 庾镇城译. 自然. 1974 年第 5451 期转载同期杂志 1953 年第 4356 期.

1. 隐喻在基因模型构建过程中的发明功能

基因这个概念隐喻的提出，是约翰逊认识到了孟德尔因子和德弗里斯的泛生子行为的高度相似性，采用了一个缩短了的泛生子的衍生词——基因而来。但是，约翰逊在提出基因这一概念隐喻时，并不承认基因是物质的，他只承认基因可被用作一种计算或统计单位。正是在这一点上，它满足了表明遗传单位技术术语的要求。"基因"一词很快通过常规化的过程成为遗传学范式的基本要素。在这里，显然，基因概念隐喻的意义发明是先于其指称的。这种先于指称的意义发明及其给定的不完备解释，对探索基因的未知领域具有明显的引导性和借鉴性。

在约翰逊那里，基因虽然满足孟德尔的遗传因子分离和自由组合定律，但是它仅仅是被定义为一种不可见的遗传亚显微单位。基因的本体论问题并未得到解决。正如上文所言，摩尔根正是沿着这一问题的主线，在新的科学语境下，隐喻性地提出了他的基因论。基因论不仅说明基因是染色体上的一部分，而且提出了他自己发现的连锁和交换定律，同时还包含了孟德尔的遗传因子分离和自由组合定律。这时，基因本体论问题的研究已向前迈出了很大一步。同时，基因这一概念隐喻也已挣脱了原有的语义，得到了一个新的理论创造。也就是说"在一个给定的语境中，特定'语义单元'（semantic unit）的运用可能完全不同于它的起源意义"，"而新的理论创造恰恰是对旧的语义规则的突破，是新的语义概念在语形中引入的结果"[1]。

简而言之，一个隐喻的意义发明是先于其指称的，而这种先于指称的意义发明在不同的语境中可以实现有效地交换。也正是在不同语境中隐喻的创造性的发展或变革导致了科学理论的变革。

2. 隐喻在基因模型构建过程中的表征功能

科学理论的表征是人们对世界认识的表达方式。在科学研究的过程中，不同领域的科学家，在各自特定的语境中，借用专业术语、符号化语

---

[1] 郭贵春. 科学隐喻的方法论意义. 中国社会科学, 2004, 2: 7.

言或科学模型隐喻性地完成了对世界的理论表征。"许多科学哲学家都承认，隐喻是对特定科学实体、状态或事件的术语表征。"[1]DNA双螺旋模型作为一个本体论的隐喻，其建立的过程体现了隐喻的科学理论表征功能。

1951年，那不勒斯生物大分子会议上的一张照片——威尔金斯的DNA结晶体X衍射图谱，坚定了沃森和克里克寻找DNA结构的信念。因为这张照片说明"基因可以形成结晶，因此基因可能具有规则的结构，而通过简单的方法就可以测定基因的结构"[2]。在此之前，美国的鲍林通过制造模型成功发现了蛋白质的α螺旋结构，启发了他们用同样的方法来建立DNA分子结构模型。同年冬天，他们着手建立模型，并建立了DNA分子的第一个模型——一个三链模型。虽然这个模型"似乎与莫利斯和罗西的X光衍射图谱相符"[3]，但是把参差不齐的碱基排列和组装在这个模型上就无法得到一个规则的模型。这个模型最终失败了。

然而，无论成功与否，这个三链模型构成了基因隐喻的表征，它允许我们指称基因这种可能的测量对象。同时，这也说明了科学隐喻作为一种可能测量对象的表征时，它们之间并不存在绝对的一一对应关系，而只是给出了某种科学认识的可能趋向。但是无论这种可能的趋向是被最终证实抑或是证伪，都是隐喻的表征功能所引导的结果。

三链模型的失败使沃森和克里克的工作一度陷入困境。但当沃森看到DNA的"B型"X衍射照片时，坚定了他认为DNA分子是一种螺旋结构的想法。在无法确定DNA应是单链、双链、三链或者三链以上时，科学类比这一隐喻思维起到了作用。沃森认为，"生物界频繁出现的配对现象表明我们应该制作双链模型"。当他建立了一个符合X射线图谱的外部骨架时，内部的碱基排列及键合问题成了关键。此时，模型的隐喻性表征发

---

[1] 郭贵春. 科学隐喻的方法论意义. 中国社会科学，2004，2：7.
[2] 詹姆斯·沃森. 双螺旋——发现DNA结构的个人经历. 田洺译. 北京：生活·读书·新知三联书店，2001：26.
[3] 詹姆斯·沃森. 双螺旋——发现DNA结构的个人经历. 田洺译. 北京：生活·读书·新知三联书店，2001：71.

挥了作用。在缺乏具体的金属原子模型时，沃森用纸板制作了碱基模型。嘌呤和嘧啶之间的配对，就是在这种简单模型的来回拼凑与移来移去中被发现。最终他们建立了具有强大解释力的 DNA 双螺旋结构模型。

显然，在 DNA 双螺旋结构的发现过程中，沃森和克里克的那种隐喻性的直觉与在具体测量基础上的表征并没有非此即彼的对立。从最初建立三链模型中螺旋结构的确立，到尝试建立双链模型，再到最终确定嘌呤和嘧啶之间的配对，都体现了隐喻的直觉性与表征的逻辑性这两者在科学发现中的一致性。

从基因概念发展及 DNA 双螺旋结构模型建立的过程中，我们不难发现，基因这一本体论的隐喻通过指称基因这个特定的测量对象，扩张了人们的经验，并构成了其理论表征的基础。而这种对基因的表征是依赖隐喻不断调整，并在特定的语境中被人们所选择的。

总而言之，通过对从基因的提出到 DNA 双螺旋结构模型的建立这一时期的基因概念演变的分析，说明：基因概念隐喻构成了对基因认知活动的基础；概念隐喻的认知结构构成了隐喻思维的基本组成元素；概念隐喻认知结构的整合和统一是依赖于特定语境，借助于隐喻思维来实现的。而隐喻思维的启发性、发散性和创造性特征，在科学认知的过程中，尤其是有些科学模型的建构过程中，扮演着十分重要且不可替代的作用。DNA 双螺旋结构模型的建构过程，就充分体现了从非严格逻辑到严格逻辑的进展，从无意识的直觉性到意识性突出的主体建构，从而说明了隐喻思维是对传统的归纳逻辑和演绎逻辑这两种纵向思维的必要补充。隐喻思维对于基因概念发展的这种重要性，使得我们有必要继续探讨隐喻在基因模型理论发展过程中的方法论意义。因此，本节最后一部分简单地分析了基因模型构建过程中隐喻的说明功能及表征功能。

正如上文所言，隐喻的基础性特点，以及隐喻思维的启发性、发散性和创造性特征，使得隐喻在科学认知活动中具有重要的方法论意义和价值。然而，在具体的科学解释中，对隐喻方法论意义的探讨又无法脱离语境。因此，从语形、语义、语用统一的层面去探讨科学隐喻的生成、本质、功能和意义等问题，将会是科学隐喻研究的一个必然趋势。

本章小结

  基因的概念在分子生物学中占据着十分重要的位置。详细地梳理与分析基因概念的发展历程，对于其概念的理解与把握具有十分重要的意义。本章主要讨论了基因发展过程中的三个阶段——古希腊时期、19世纪60年代后颗粒遗传学说提出到DNA双螺旋结构发现之间、DNA双螺旋结构发现之后至今。分别讨论了在不同阶段人们面临的主要问题以及当时人们是如何逻辑地解决这些问题的，并总结了不同阶段研究者的工作对于基因概念发展的意义。通过对基因概念发展过程的分析，我们发现基因概念的语义依赖于特定的生物学语境在隐喻地发生着变迁。日常生活中大众对于基因科学概念的理解具有一定的误区。而还原论的认识思维是造成基因的日常概念与科学概念之间产生差距的一个重要原因。因此，本章又讨论了基因理论的还原本质，认为还原方法对基因理论的发展起到了十分重要的意义。在对基因研究的过程中，还原的方法是一种有效且十分必要的方法。然而，与还原方法不同，我们要反对的是生物学中还原论的认识与思维方式，即纯粹的还原论，强调用分子的活动来解释生命现象。经典遗传学与分子遗传之间无法实现还原的原因在于它们分别处于两个不同的语境层面。语境的差异便造成了两者之间还原的困境。对基因本质的理解应该是在语境论的基底上，对其进行语形、语义及语用的统一分析才能实现。最后，还讨论了基因理论发展过程中的隐喻思维，并总结了隐喻在基因模型构建过程中的发明功能与表征功能。

第三章 中心法则的语义分析

理论远离经验，是分子生物学理论发展的一大特征。在这样的一个前提下，就如何理解和解释分子生物学理论方面，语义分析成为一种十分重要的科学方法。本章首先讨论了中心法则形成的逻辑基础，之后利用语义分析的方法，对作为科学理论的中心法则的语义变迁进行了分析，并指出这种变迁是在分子生物学纵向语境的不断变化中实现的。只有在特定的语境下对中心法则进行不同层面的语义解释，才不会导致其语义的局限性。中心法则语义变迁的过程中充分体现了语境论的认识特征。而作为科学理论的中心法则语义被局限，自然会导致其作为研究方法的意义局限性。最后，讨论了中心法则对现代生物学发展的哲学意义，以及传统意义下中心法则的意义及其局限性，并结合计算机模拟提出一种自上而下的新的研究策略。

第一节　中心法则形成的逻辑基础

任何一个理论的确立与发展都是基于某些相关的理论背景和社会背景，否则它就会成为一种纯粹的空想。中心法则的产生与发展也不例外。时代的科学思想基础以及时代的社会基础在中心法则建立的过程中都起到了十分重要的作用。为了充分理解中心法则的语义变迁以及中心法则在分子生物学中的地位与作用，对其科学思想基础及社会基础进行一定的分析是十分必要的。

一、中心法则形成的理论基础——时代背景知识的重要作用

时代背景知识作为理论假设科学性和真实性的基础，对科学理论的建立具有十分重要的作用。每一个科学理论的建立不仅依赖于创建者自身的知识水平及修养，更依赖于时代的背景知识及理论的创建者对于时代背景知识认识的广度、深度及敏感度等。

1958 年克里克在《论蛋白质的合成》一文中首次明确地提出了中心

法则:"信息一旦传到蛋白质就不能再行输出,更具体地说,信息从核酸到蛋白质的传递是可能的,但是从蛋白质到蛋白质的或从蛋白质到核酸的传递是不可能的。这里的信息指的是序列的精确决定,即核酸的碱基或蛋白质的氨基酸"[1]。然而,关于遗传信息究竟是如何控制遗传的问题,早在孟德尔遗传定律被重新发现后就进入了人们的视野。当时绝大多数的生物学家都认为,蛋白质是遗传的物质基础,都试图通过对蛋白质结构的分析寻找到对基因功能的解释。虽然,也曾有一些学者提出,基因作为蛋白质合成的核心,通过某种方式控制着细胞的代谢。但是,由于受到时代背景知识的限制,他们的观点缺乏理论和实验基础的支撑,难以让人信服。

1928 年,英国的细菌学家格里菲斯第一次观察到了肺炎双球菌的转化现象。1944 年,美国的生物学家艾弗里、麦卡蒂(M. McCarty)及麦克劳德(C. MacLeod)等人在此基础上通过体外的肺炎双球菌转化实验证明了 DNA 是转化的因子。1952 年,美国的遗传学家赫尔希和蔡斯以噬菌体为实验对象,使用同位素标记技术,通过噬菌体侵染细菌实验证明了遗传信息是由核酸携带的。

当核酸被确定为遗传物质后,DNA 的化学结构便成了摆在遗传学家面前最紧迫的问题。一时间,大量的不同学科的科学家都分别从各自的角度对这个问题展开了深入的研究。最后,沃森和克里克综合各方面的研究成果,建立了 DNA 的双螺旋结构模型。这个模型的确定标志着分子生物学的时代正式拉开了帷幕。更为关键的是,在 DNA 双螺旋结构模型被确立时,同时就确立了 DNA 分子的复制方式——半保留复制机制,从而说明了在世代之间遗传信息的传递规律。在此之后,关于遗传信息的储存、传递、转移等方面问题的研究都取得了极大的进展。

虽然,DNA 双螺旋结构模型的建立以及 DNA 半保留复制机制的确立并不能阐明遗传信息究竟如何控制遗传,但它却为这一问题的解答奠定了明确的结构基础,也为中心法则的建立奠定了结构基础。

---

[1] Crick F. On protein synthesis. Symposia of the Society for Experimental Biology, 1958, 12: 138-163.

关于对遗传物质功能问题的讨论，不得不追溯到英国的医学生物化学家加罗德（A. Garrod）。他是最早明确基因突变与代谢之间存在关联的生物学家。早在 1908 年，他就发表过一个题为"代谢的先天错误"的演讲，表明他发现了一种"代谢疾病"——"黑尿病"。正常人的体内都含有一种尿黑酸氧化酶，而这种病的患者体内却缺乏这种酶，这样就导致了患者无法将尿黑酸代谢为乙酰乙酸，最后再转变为水和二氧化碳排出体外。而造成这种现象出现的原因就是患者体内控制尿黑酸氧化酶的基因发生了突变。1909 年，加罗德在其所著的《先天性代谢差错》一书中又具体描述了这种酶与控制其基因之间的关系。作为基因功能研究的先驱，加罗德的工作已经明确地表明，基因与代谢之间存在着确定的关系。然而，他始终反对将基因作为一种具体的物质，这使得他的工作在寻找基因化学本质的时代潮流中被淹没。

1941 年，塔特姆（E. L. Tatum）与比德尔（G. W. Beadle）提出了"一个基因一个酶"的假说，确立了遗传物质功能性的基本特征的基础。他们使用紫外线或 X 射线去照射正常的红色面包霉孢子，从而使其产生突变。之后将其先后在基本培养基和限制培养基上进行培养，从而选择出特定的突变体。通过实验分析，他们发现基因突变导致了代谢障碍。而当时生物化学的背景知识已经表明，在生物代谢的过程中，对生化反应起控制作用的是酶。因此，他们得出这样的结论——酶的改变是由基因的突变引起的，一个特定的酶对应着一个确定的基因。然而，由于此时生物学时代背景知识的丰富，以及塔特姆和比德尔（与加罗德不同）都曾是遗传学共同体的成员，他们的发现很快就被当时的科学共同体所接受。

虽然之后的研究表明，基因并没有直接指导酶的合成，但是"一个基因一个酶"的理论却表明了基因所具有的一种功能性特征，它表明蛋白质的合成是由基因所指导完成的，蛋白质的多样性是由基因的多样性决定的。这种"一对一"思想在之后人们对蛋白质和基因线性关系的认识，以及中心法则的建立过程中都起到了十分重要的作用。

1955 年，利特菲尔德（Littlefield）用小鼠作为实验对象，证明了细胞质中的核糖体是蛋白质合成的场所。这样，主要位于细胞核中的DNA想要将自己的信息传递给蛋白质，就必须借助于一个"信使"（message）。同年，布拉谢（J. Brachet）利用变形虫及洋葱根尖作为实验的材料，发现细胞中的RNA一旦被分解，细胞中的蛋白质就无法进行，重新加入从其他细胞中提取的RNA后，蛋白质的合成就会得到适当的恢复。同一时期，一些生物学家还使用放射性标记观察到RNA在细胞核到细胞质间的转移。因而，人们才推测RNA便有可能是DNA与蛋白质合成之间的信使。也正是在这样的时代背景基础上，克里克才提出了DNA→RNA→蛋白质的过程。这些时代背景知识一同构成了中心法则形成的理论基础。

二、中心法则形成的科学社会基础

1953年，在DNA的双螺旋模型被确立之后，当时绝大多数的分子生物学家们都有一个坚定的信念——他们已经发现了遗传的物理化学基础和基础的生命过程。伴随着蛋白质合成过程的发现，克里克在1958年提出了分子生物学的中心法则，最有说服力地总结并统一了半个多世纪以来人们对这个问题的讨论。那么，中心法则究竟是在什么样的科学氛围中建立的，或者说什么样的科学社会基础提供了中心法则建立的平台？我们认为这与当时德尔布吕克和薛定谔（E. Schrödinger）对分子生物学的影响有着密切的关系。

德尔布吕克与分子生物学的关系源于他的老师——丹麦著名物理学家、诺贝尔奖获得者玻尔。玻尔在1932年发表了一个著名的演讲——"光和生命"。在这个演讲中，他使用了物理学中的概念去解释一些生物现象。而这种思路对德尔布吕克产生了深刻的影响。在当时的许多物理学家和生物学家对玻尔的演讲都视若无睹时，这个演讲却引起了德尔布吕克对生物学领域研究的极大兴趣，并且也使得德尔布吕克对生物学领域的研究充满了信心。最终，德尔布吕克选择了一条将物理学与遗传学相互结合的研究道路①。

  1935 年，德尔布吕克与物理学家齐默尔（K. G. Zimmer）、遗传学家梯莫菲也夫·雷索夫斯基（Timofeeff Ressovsky）共同署名，在德国哥廷根的科学协会通讯上发表了论文《关于基因突变和基因结构的性质》。在这篇论文中，他们使用物理学的一些概念去研究果蝇的 X 射线诱变现象，并且最终运用物理学的思维方法创建了最早的一个基因模型——突变的量子模型。这一工作可以认为是德尔布吕克对生物学研究的开始。也正是他们的工作使得遗传学的研究开始被深深地烙上了物理学的烙印。1937 年，德尔布吕克来到了当时世界的遗传学中心——美国的加州理工学院，并在那里遇到了摩尔根及其领导的摩尔根学派。他很坚定地接受了将基因作为分子的看法，并在这一时期形成了自己的生物学思想。对于德尔布吕克而言，更重要的问题应该是解决基因的化学本质究竟是什么。然而，当时摩尔根学派所使用的实验材料——果蝇，并不适用于一个具有简单性思维的物理学家。直到 1938 年，噬菌体进入了德尔布吕克的视野。长期的物理学方法论训练的思维，使得德尔布吕克敏锐地意识到噬菌体便是他研究的理想材料。也正是德尔布吕克对噬菌体的研究奠定了他在生物学中的地位。虽然，在这一时期中他并没有提出开创性的发现，但是在这个过程中他发展了研究噬菌体的方法以及分析实验结果的数学方法，为之后遗传物质确定的实验奠定了坚实的基础。德尔布吕克的工作引发了物理学家对生物学问题研究的潮流。之后薛定谔的工作更是将这一潮流推向了高潮。

  薛定谔对分子生物学的影响在于 1944 年他出版的一本小册子——《生命是什么》。在这本小册子中，他用物理学的术语将生物系统与分子和热力学理论联系在一起，并明确地表明他所探讨的问题是"在一个生命有机体的空间范围内，在空间和时间上发生的事件，如何用物理学和化学来解释"②。关于这本小册子在分子生物学中所起作用的观点可以分为两个极端。有的人认为它所提出的独创性见解是错误的。有的人则认为它在分

---

① 卢良恕. 世界著名科学家传记生物学家Ⅱ. 北京：科学出版社，1996：37-46.
② 埃尔温·薛定谔. 生命是什么. 罗来欧，罗辽复译. 长沙：湖南科学技术出版社，2005：3.

子生物学理论发展的过程中起到了引导和启发的作用，它将遗传物质的非周期性结构的理解引进了生物学，并提出了发育遗传学的基本问题，即解释细胞内的遗传信息是怎样控制着一系列的反应来形成成熟的有机体的。而我们认为，他对分子生物学的重要贡献还在于他对当时科学社会基础的影响。1944年，薛定谔已经是著名的波动力学的创始人之一。因此，他的《生命是什么》一书，一经出版便在学界内引起了极大的反响。他用物理学术语描述和解决生物学的遗传问题，吸引了一大批物理学家和化学家对生物学的关注。他从量子学说、热力学、分子及遗传密码的方面对基因和发育的解释，更是启发了许多非生物学家对遗传问题的研究。尤其是在1953年DNA双螺旋结构模型被发现之后，许多优秀的物理学家和化学家发现生物学的问题可以在分子的层面得以解决，从而都转向了对生物学的研究。DNA双螺旋结构模型的发现者之一克里克就是这些非生物学家中的一员，他曾说道："对于那些在第二次世界大战后进入到这个领域的研究者来说，薛定谔的小书似乎曾产生了特殊的影响。其主要观点——生物学需要用化学键的稳定性和量子力学来解释这一点，只有物理学家才会理解。这本书写得非常出色，分子的解释不仅是十分需要的，而且它们就在眼前。这就吸引了那些原先根本就不会进入生物学领域的人们。"[1]

　　由于受这本书的影响，一时间，大量的来自其他学科的科学家都转向了对分子生物学的研究，如物理学、化学、微生物学、生物化学、医学等。他们分别从各自学科的角度展开了对遗传问题的研究。由于当时对研究问题的明确，即对遗传过程中遗传信息流的研究，他们之间相互合作，互通有无，群策群力，形成了一个相互协约的机制，组成了一个巨大的科学共同体，从而构成了对中心法则研究的科学社会基础。

---

[1] Crick F. What Mad Pursuit: A Personal View of Scientific Discovery. New York: Basic Books, 1988: 10.

第二节　语境依赖下的语义变迁

中心法则作为分子生物学最基本、最重要的理论之一，对当代分子生物学的发展起到了极大的推动作用。然而，在分子生物学领域，自其产生到现在一直存在着很多争议。作为一个科学假设的中心法则，对其进行系统的语义分析有益于这一理论的意义澄清。那么要在什么样的一个基底上对其进行语义分析？我们认为这一基底应该是语境论。

结构学、生物化学和信息学路线是一直较为公认的分子生物学研究中三条主要的路线[①]。中心法则的产生是以其中生化-信息学方法为基础的。其产生的模式是假说演绎的，即利用有限的证据提出一个假说，根据假说演绎出若干理论，最后等待证据检验所演绎的结论，其过程是假说—演绎—检验。伴随着分子生物学的不断发展，这一演绎—检验的过程不断循环往复。正是在这种循环往复的过程中，中心法则的语形不断发生着转变。同时，在此过程中，不断有新的生物学概念的提出和新旧生物学概念的更替。在这里既包括新的概念的提出及其所被赋予的特定意义，又包括同一概念在不同的研究范围中所包含的不同的生物学意义。也就是说，在这一过程中，中心法则的语义发生着不断的变迁。而这种变迁是在分子生物学纵向语境的不断变化中实现的。

一、语境依赖下中心法则的语义变迁

自克里克在 1958 年提出中心法则至今，中心法则已经经过了半个多世纪的丰富和发展。我们可以将其发展的整个过程大致分为三个阶段：1958 年由克里克最初所提出的经典的中心法则；20 世纪 70～80 年代被修正和丰富的中心法则；20 世纪末基因组及后基因组时代下的中心法则。

---

① Allen G. Life Science in the Twentieth Century. Cambridge: Cambridge University Press, 1978: 43.

最初被克里克所描述的中心法则如图 3.1 所示。

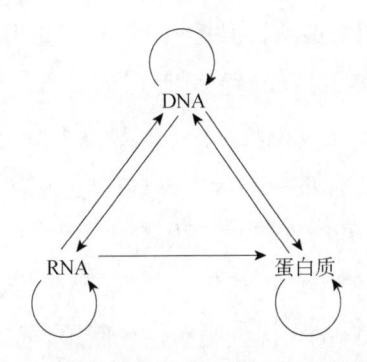

图 3.1　最初被克里克描述的中心法则图

箭头表示在三大类生物大分子 DNA、RNA 和蛋白质间信息传递或流动所有可能的方向。它揭示了生命遗传信息的流动方向或传递规律。结合当时的理论背景和认识论背景，克里克对所描述的中心法则做了进一步的分析，最终提出了中心法则最初的基本形式：

$$DNA \xrightarrow{\text{复制}} \xrightarrow{\text{转录}} RNA \xrightarrow{\text{翻译}} 蛋白质$$

克里克最初所提出的中心法则的这种形式包含了两个基本内容——DNA 的自我复制及蛋白质的合成。其中的 DNA 具有 1953 年他和沃森所提出的双螺旋结构模型的所有特征。在 DNA 的双螺旋结构中："有两条螺旋的链围绕一个轴心旋转；这两条链通过嘌呤和嘧啶碱基以相互配对的形式联系在一起；如果我们知道其中一条链的碱基序列，那么我们就可以精确地得到另一条链的碱基序列，也就是说其中一条链作为另一条链的互补链，DNA 正是以这样的方式进行复制"[①]。显然，DNA 的双螺旋结构和半保留复制机制被发现之后，就已经明确了遗传信息在世代之间的传递。然而，遗传信息是通过什么方式指导遗传过程的？1941 年，比德尔和塔特姆提出的"一个基因一个酶"的假说明确了基因指导蛋白质合成的基本功能特征。

---

① Watson J，Crick F. Molecular structure of nucleic acids. Nature，1953，171：737-738.

如果说蛋白质是由基因直接指导合成的，那么就把这个问题简单化了。DNA 主要处于细胞核内，但是蛋白质的合成却不在细胞核内进行。那么蛋白质是如何被指导合成的？其实，早在 20 世纪 40 年代，布拉舍与哈默林（J. Hammerling）就发现了蛋白质能够在细胞质中合成。他们发现在海胆卵细胞与伞藻细胞的细胞核之后，它们仍然可以完成一段时间的蛋白质合成。1955 年，利特菲尔德使用老鼠为研究材料证明了蛋白质合成的场所是细胞质中的核糖体。1959 年，麦奎林（K. McQuillen）利用大肠杆菌作为研究的材料也同样证明了这个问题。这就意味着想要完成蛋白质的合成，就必须实现将细胞核内的遗传信息传递到细胞质中。而在 1955 年，布拉舍使用变形虫与洋葱根尖为研究材料，证明了细胞核中的 RNA 被分解后就无法进行蛋白质的合成。在同一年，普劳特（Plaut）与戈尔茨坦（Goldstein）使用放射性标记技术发现了有 RNA 从细胞核转移到细胞质中。因而，有人推测 RNA 便是 DNA 与蛋白质合成之间的信使。

克里克也正是在这样的理论基础上才提出了 DNA→RNA→蛋白质的过程。最后，直到 1961 年，信使 RNA（mRNA）的术语和概念才被雅可布和莫诺正式提出。

也就是说，在 1958 年克里克提出的中心法则中的 DNA 具有双螺旋的结构特征和功能特征，而 RNA 仅仅只是作为 DNA 和蛋白质之间信息的传递者。按照克里克的表述："信息一旦传到蛋白质就不能再行输出，更具体地说，信息从核酸到蛋白质的传递是可能的，但是从蛋白质到蛋白质的或从蛋白质到核酸的传递是不可能的。这里的信息指的是序列的精确决定，即核酸的碱基或蛋白质的氨基酸。"[①]DNA 作为所有遗传信息的源头，将其序列精确地传递给 RNA 序列，最后再精确地传递给蛋白质氨基酸序列。在整个过程中，信息的传递具有严格的单向性和共线性。

---

① Crick F. On protein synthesis. Symposia of the Society for Experimented Biology, 1958, 12: 138-163.

我们通过对克里克最初提出的中心法则的语义分析，可以发现，中心法则的基本形式描述了碱基→氨基酸→蛋白质这一基本过程。对这一过程中代码的语义分析，必然无法脱离整个理论的语义结构。因为，在以上所描述的过程中，任意一次结构的上升，都必然会伴随着其代码的语义调整。在中心法则中，碱基位于一个基础的层面，成为生物学解释与物理、化学解释的纽带。例如，在化学中 GAA 是胍基乙酸的代码，然而，在生物学中，它却表示对应于谷氨酸的遗传密码。当我们对其结构上升，多个连续的三联体碱基序列自然也就对应多个连续的氨基酸序列。当碱基序列发生变化时，也就必然导致氨基酸序列发生变化。有序列的碱基链和氨基酸链又分别构成了 DNA 和蛋白质。自此，就构成了最初的中心法则：蛋白质作为生物性状形成的工作分子是由构成 DNA 的碱基序列决定的，我们把这种碱基序列称为遗传信息。同时，由于当时生物学理论背景及研究对象的限制，自然决定了中心法则从 DNA 到 RNA 到蛋白质严格的单程信息流路线，以及从 DNA 序列到 RNA 序列到蛋白质氨基酸序列严格的共线性。

由上述内容可以得到，单一的碱基符号的语义形成是在中心法则整个的语义结构中实现的，碱基序列在生物学语境中的语义表达同样也无法脱离中心法则的语义结构。而整个中心法则的语义实现又是在当时特定的语境下完成的。也就是说，特定语境的确立，决定了中心法则的语义解释，确定了中心法则在当时语境下的解释伸缩度。

随着分子生物学的发展，1970 年特明（Temin）等在 RNA 病毒中发现了 RNA 反转录酶，说明了 RNA 到 DNA 逆向转录的可能性[1]。之后，又有人发现细胞核里的 DNA 还可以直接转译到细胞质的核糖体上，不需要通过 RNA 即可以控制蛋白质的合成[2]。此时，中心法则被修正为如图 3.2 所示。

---

[1] 弗朗西斯科·乔·阿耶拉, 约翰·亚·基杰. 现代遗传学. 蔡武城等译. 长沙: 湖南科学技术出版社, 1987: 314-315.

[2] 河北师范大学, 新乡师范学院, 北京师范学院, 等. 遗传学. 北京: 人民教育出版社, 1982: 180.

```
         DNA
        ↗  ↘
      RNA → 蛋白质
```

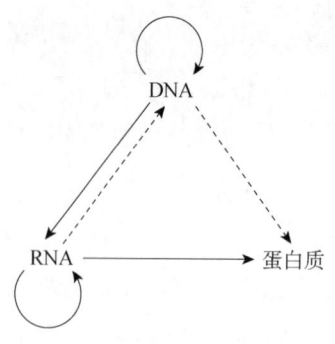

图 3.2　修正后的中心法则图

而中心法则的语义解释，也就随之由之前的严格的单程式变迁为一种中途单程式。从 20 世纪 70 年代开始，分子生物学家对真核生物进行了大量的研究，发现了基因上存在的非编码序列，从而产生了内含子与外显子的区别。20 世纪 80 年代末期，分子生物学家又报道了多种 RNA 编辑的类型。这些都说明了蛋白质序列在 DNA 序列上的非连续性及非对应性。这又要求中心法则的语义解释由之前的严格共线性转变为非共线性。这都是由于分子生物学纵向语境的变化，导致了中心法则语义边界的改变，从而使其语义的解释范围及解释伸缩度发生改变。理论背景及认识论背景的不同，造成了中心法则概念的语义扩张。这种语义的扩张通过再语境化的功能，继而又成为其他生物学理论的语义语境。中心法则的理论发展过程，就是在这种语境转变，或者说是再语境化的过程中不断实现其语义转变。

在分子生物学中，还有非 DNA 分子模板（如细胞模板、糖原及一些细胞级的非分子模板）、朊病毒等的出现。虽然这些只是出现在离体实验中，应只属于尚未定论的科学预测，但是它们强力说明着：在生物系统中，信息流的传递是多元和多层次的，它们在细胞中构成了一个精密的时空框架，中心法则仅仅只是这些信息流中的一条或者说是一条主流；在中心法则的信息流中，非 DNA 编码的渗入，使得 DNA 仅作为 DNA 编码的一个起点，而不是遗传信息流的唯一源头；同时，在信息流的传递过程中，非模板式的序列加工，使得信息流并不是模板流①。这些似乎对中心法则都构成了严峻的挑战。然而，我们并不能抹杀它的合理性地位。中心法则的提出是以当时病毒、细菌的实验材料为依据的。它所指出的DNA、RNA、蛋白质间的信息传递是符合分子生物法则的。鉴于当时的理论背景和认识论背景的限制，我们应该是在其三大分子的框架性语境下对其进行语义解释。当分子生物学推进到真核细胞时，中心法则的信息流其实已经处于另一个完全不同的时空框架中，这时我们应对其进行语境下降，在单个基因层面或者是更低的层面对其进行语义解释。而面对当代基因组语义研究的问题时，或许我们还要对其进行语境上升，在基因组层面、细胞层面甚至是更高的层面对其进行语义理解。

综上所述，我们说，对中心法则的语义解释应该放在分子生物学发展的纵向语境下去进行。中心法则的语义变迁就是在这一纵向发展过程中，一次次不断语境化与再语境化的过程中实现的。同时，我们对中心法则的语义理解也还必须在一种横向的特定的语境下进行，而不是仅仅只在分子生物信息较窄的概念下进行。因为只有这样才不会导致中心法则的语义局限性。而作为科学理论的中心法则语义被局限，自然会导致其作为研究方法的意义局限性。

二、中心法则语义变迁过程中语义的连续性和可通约性

正如上文所言，对于中心法则的语义解释应该放在分子生物学纵向理论发展的语境下进行理解。那么，分子生物学理论发展的语境是变化的，如何理解在变化的语境下中心法则语义解释的连续性与可通约性呢？

假如中心法则语义的解释在分子生物学理论的变化中没有关联性，那么，生物学研究的意义以及生物学发展的进步性就无法从实在论的角度得以解释。基于生物学理论语境的相关性，我们认为，在语境实在论的基础上，生物学理论指称的不变性与其意义的可变性是可通约的。最初被提出

---

① 莫树乔. 谈谈遗传学中心法则. 玉林师专学报, 1997, 3: 93-96.

的中心法则的主要目的是寻找 DNA、RNA 及蛋白质三大分子间信息传递的简单秩序。结合当时的理论背景，中心法则的意义被确定为：信息沿着 DNA 到 RNA 再到蛋白质传递，并且这种信息的传递遵循着严格的单向性和严格的共线性。随着分子生物学理论背景的变化，如 RNA 反转录酶的发现，表明信息也可以按照中心法则规定的相反方向传递。此时，中心法则的意义由最初严格的单向性变为一种中途单向性。虽然中心法则的意义随着分子生物学理论的改变发生了变化，但是其理论的指称并不必然地随着其意义的变化而发生变化。RNA 反转录酶的发现确实否定了信息传递的单向性，但是它并没有抛弃信息在三大分子间传递的语境框架。再比如，最初提出的中心法则是以当时病毒、细菌的实验材料为依据，由于理论背景的限制，就必然地约束了其意义的解释就只能是一种严格的共线性。对分子生物学的研究发展到真核生物时，中心法则所处的语境早已脱离了最初的三大分子的框架性语境。基因的概念由最初 DNA 上的连续片段变为非连续片段，从 DNA 到 RNA 的转录也由最初的严格共线性变为非严格共线性。然而，无论如何，对中心法则的理解还是没有脱离三大分子间信息传递的语境框架。

可以发现，中心法则的语义，伴随着分子生物学理论的发展，在经历着不断的语境化与再语境化，而正是其语境背景的相关性与理论所指对象的同一性确保了在整个过程中其语义的可通约性。也正是这种语义上的连续性和可通约性，保障了中心法则不断地丰富与发展进步。

第三节　传统意义下中心法则的意义及其局限性

通过上一节的讨论，可以发现，我们应该在分子生物学理论发展的纵向语境以及特定的横向语境下去理解中心法则的意义。中心法则的语义在不断地语境化与再语境化的过程中发生着变迁。因此，只有在这种语境化的基底上去理解中心法则的意义才不会导致其语义的局限性。而一旦作为科学理论的中心法则的语义受到局限，则作为研究方法的中心法则的意义也同样会受到局限。在本节中，首先讨论了中心法则对于现代生物学理论重要的哲学意义，之后具体阐述了传统意义下作为科学理论及研究方法的中心法则的意义与局限性。

一、中心法则对于现代生物学的哲学意义

中心法则是现代生物学中继 DNA 双螺旋模型确立之后的另一个十分重要的概念。DNA 双螺旋模型明确了遗传物质的结构特点以及基因复制的半保留方式。而中心法则从机制上明晰了蛋白质的合成是由基因控制的，生物体的表现性状本质上是由基因对特定生理过程的控制而实现的。中心法则首次明确了生物体内信息传递的机制，并且它的理论及思想方法还促进了现代生物学中其他核心概念的深化发展，如基因转录、基因表达及遗传密码等。

"中心法则是生物学上继达尔文提出进化论后的第二个里程碑。"[①]这是我国著名的遗传学家谈家桢对中心法则作出的评价。达尔文的进化论第一次对生物学中的同一性进行了论证，并将生物学理论研究的基础科学化，从而促进了近代生物学研究战略的根本性转变。而中心法则首次从信息的角度论证了生物界的统一，阐明了生物体内遗传信息的传递规律，建立了现代生物学研究的理论框架，从而促进了现代生物学研究战略的根本性转变。无论是在本体论、认识论还是方法论上，中心法则对现代生物学的发展都产生了巨大的哲学意义。

第一，在本体论上，中心法则解释了生物体遗传、发育和进化之间的内在联系，从信息的角度实现了生物三大理论的统一。遗传、发育和进化一直以来都是生物学研究的三大基本生命现象。沿着这三大基本生命现象的研究路线，在生物学中分别形成了进化论、胚胎学及遗传学三门不同的

---

① 谈家桢. 遗传学的发展和实践. 自然辩证法通讯，1980，1：66.

学科。在不同学科生物学家的努力下，这三门学科在各自的领域都取得了很大的进展。然而，这三大基本的生命现象之间究竟有什么内在的联系？显然，进化论的理论已经无法胜任对这一问题的解答。因此，它一直是近代生物学中最棘手的问题之一。随着现代生物学的发展，中心法则的提出从信息的角度揭示了这三者之间的内在联系。中心法则对生物体内信息传递的规律在分子的水平上作出了说明，它阐释了基因对蛋白质合成的控制。对于某个个体的发育而言，个体内生物大分子的合成是个体发育或者细胞分化的基础。生物体的表现性状都是建立在这个基础之上的。而这种生物大分子的合成又本质上依赖于基因遗传信息的有规律的表达。所以，对个体的发育而言，其过程可以简单地描述为：基因→生物大分子的合成→生物大分子的装配→性状的展现。

在这个过程中，遗传信息的表达控制着每个环节的展开。所以，从遗传信息的角度而言，遗传信息的表达就构成了个体发育的本质，世代间遗传信息的传递就构成了物种内遗传信息的遗传，个体间或世代间遗传信息的发展就构成了生物的进化。最后，中心法则及序列假说又表明，生物界中所有的遗传信息的表达也都满足一套共同的遗传密码。

第二，在认识论上，中心法则建立了基因表达和蛋白质合成的理论框架，从遗传信息的认识角度以及分子研究的认识层面，建立了现代生物学的认识论平台。1958年克里克的《论蛋白质的合成》一文一经发表，便在生物学界产生了巨大的影响。从20世纪60年代早期开始，生物学领域的专业性论文便对这篇文章有了大量的引用。通过分析我们可以发现，引用这篇文章的多数作者在当时分子生物学领域都有所建树或者之后在分子生物学领域有所建树。这篇文章之所以在当时引起这么大的反响，主要在于文章中提出的中心法则为那些对蛋白合成和基因表达感兴趣的生物学家提供了一种理论框架。虽然，蛋白质（酶）一直被认为是大多数细胞功能的执行者，但是"特定的蛋白质是如何被DNA上的遗传信息编码翻译的"成为分子生物学家关注的重点问题。对于这个问题的解决必然就包括了对遗传信息传递过程中不同分子特点的揭示（如信号、mRNA、tRNA

等)。而中心法则则证实了这一构想——用已知的分子机理来说明信息传递的过程。正是在这个思想的引导下,大批的生物学家将工作的重点转移到了对遗传信息的研究上,通过大量的科学实验阐明了遗传信息的许多具体的问题,如遗传信息的储存、编码、转录、翻译等。也正是中心法则及序列假说的思想促进了遗传密码概念的产生以及对遗传密码的解读。同样,在中心法则思想指导下的大量的科学实验,还促进了分子生物学中基因概念的发展,如操纵子、顺反子、跳跃基因、假基因等,从而促进了分子生物学理论的发展,也为分子生物学理论的实际应用奠定了基础。因此,从信息认识的角度而言,中心法则表明核酸是主宰信息的物质基础,信息的储存、复制及发射依赖于DNA,而信息流的转录、传导及表达都依赖于RNA。从分子认识的角度而言,中心法则的思想,强化了DNA的复制理论,促进了DNA转录、翻译的研究及基因概念的发展。美国的生物史学家艾伦曾经就表达过:"中心法则对生物学的影响甚至就如同进化论一样深远。首先,它在分子的水平上对基因的突变提供了解释……这些问题都暗示,也许都可以将进化的机制还原到分子的水平上。"[①]同时,中心法则清晰简易的表述也促进了分子生物学中研究者对基因表达相关概念的传播,如遗传密码、信息传递、转录、翻译等术语在分子生物学中的成功应用与传播,从而使其成为分子生物学发展史上的一个重要的里程碑。

第三,在方法论上,中心法则为还原论者对基因及基因组的研究提供了一种方法论上的保障,也为分子生物学理论的实际应用提供了方法论基础,创立了遗传工程的方法。

在第二章中,我们讨论了基因概念的语义变迁史,通过分析可以发现,人类对遗传问题的关注可以追溯到远古时期。在整个基因概念发展的过程中,先后有许多生物学家在各自的时代提出了许多不同的理论和假设,推动着人类对遗传问题的认识。从亚里士多德的目的论到中世纪的神

[①] 艾伦 GE. 二十世纪的生命科学. 北京:北京师范大学出版社,1985: 19.

创论，再到 18 世纪的渐成论和预成论、达尔文的泛生论、魏斯曼的种质连续性假说、孟德尔的遗传因子、摩尔根的基因论、沃森和克里克的 DNA 双螺旋模型结构……人类对遗传问题的研究也先后经历了主观臆测、归纳分析、化学分析、分子水平的解释模式、形式化的逻辑分析、分析与综合相结合的方法等阶段。其中，每一种经典理论的创立都是一种研究范式的确立或深化。例如，渐成论确立了融合遗传的研究范式、孟德尔的遗传因子确立了颗粒遗传的研究范式、摩尔根的基因论以及沃森和克里克的 DNA 双螺旋模型结构在分子水平上深化和发展了颗粒遗传的研究范式。中心法则的提出则确立了分子生物学信息遗传的研究范式。信息遗传的研究范式表明了遗传信息在 DNA、RNA 及蛋白质间传递的生命规律，揭示了 DNA 复制、转录及翻译的内在机制，明确了基因通过遗传信息对蛋白质合成的控制过程。而中心法则恰好为这一种研究范式提供了还原论的方法论基础。还原论的方法论强调用较低层次的理论来解释较高层次的现象过程。也就是说，当我们要进一步了解下一个层次的信息时，我们必须在理论上和实际中都要对每一个更低、更微观的层面的信息和本体论的知识有所把握。中心法则强调遗传信息储存在 DNA 序列中，以碱基互补的形式转录给 RNA，再以遗传密码的形式翻译成蛋白质，信息是从 DNA 传递给蛋白质，基因控制了蛋白质的合成。也就是说，当我们想获得一个蛋白质的结构时，我们首先要掌握构成这一蛋白质的氨基酸信息，当我们想获得这一蛋白质的氨基酸信息时，我们可以通过追溯控制这一蛋白质合成的核酸信息来实现。掌握了核酸的精确信息，便掌握了蛋白质的结构信息。虽然在当代生物学的研究中从这个意义上去理解中心法则有其局限性（这一问题在下一部分中会具体讨论），但是还原论的方法论无疑在生物学的研究中发挥过重要的作用。就像 DNA 双螺旋结构被确定以及中心法则被提出之后，当时的许多生物学家都有一个坚定的信念：他们已经发现了遗传的物理化学基础和基础的生命过程。包括到目前为止，在绝大多数的关于生物学问题的讨论中，这种以核酸为中心的观点仍然占主导地位。甚至，在大量的技术文献中都会有一个普遍的假设：作为遗传物质的 DNA

决定了细胞的作用。随着当代生物学的发展，生物学中已经不仅局限于对核酸与蛋白质之间关系的关注，也有了对小分子与大分子之间的关系等其他问题的讨论。同时，在中心法则思想的指导下，还创立了遗传工程的方法，为分子生物学理论的实际应用提供了方法论基础。

二、作为科学理论的中心法则的意义及其局限性

1953年，DNA的结构被发现之后，在分子生物学领域的先驱者之间就有一个坚定的信念：他们已经发现了遗传的物理化学基础和基础的生命过程。伴随着蛋白质的合成过程的发现，克里克在1958年（之后在1970年）提出了分子生物学的中心法则。从此，最有说服力地终结并统一了半个世纪以来人们对这个问题的看法。它的概念是，信息总的来说是从DNA到RNA再到蛋白质，细胞核有机体的表型就是被这样决定的。同时，信息从DNA流向RNA，或者从蛋白质流向RNA、DNA，或者有一些蛋白质是在中心法则之外等，这些现象仅仅被认为是一种理论上的可能性。而事实上，在绝大多数的关于生物学问题（从遗传在疾病中的作用到遗传在进化过程中的作用等问题）的讨论中，这种以DNA为中心的观点依旧占主导地位。甚至，在大量的技术文献中都会有一个普遍的假设：作为遗传物质的DNA决定了细胞的作用，并且，如果观察到与严格遗传决定论有偏差的现象一定是随机过程的结果。

然而，科学上"法则"的概念总是给人一种固有的自相矛盾的印象。科学的方法就是建立在对已经接受的信念和认识的不断挑战，然后，新的信念和认识又不可避免地会导致概念的新的语义。因此，十分有必要重新回顾一下克里克提出的中心法则，并且去寻找在分子生物学和基因组学的发展日新月异的情况下它是如何会一直成立的。显然，在这个过程中中心法则不断受到挑战。在过去的40年中，分子生物学的研究带来了大量的关于系统生物学的发现。最为重要的是，这些发现已经将我们从克里克以及他的同事们最初所认为的生命机械论的观点带到了信息学的观点，而这一点也一定是在克里克以及他的同事等科学先驱的意料之外。让我们来回

顾一下这些发现，包括基本的分子功能、细胞检测和细胞间通信、细胞控制制度、大分子复合组织、自然遗传工程等，看看它们是如何改变我们关于在活细胞中信息处理的观念。

1. 基本的分子功能

分子生物学家对活细胞中基础生化过程分子的分析早已反复地带来了许多对中心法则的诘难。这些现象提出了很多中心法则解释的困难或者是对中心法则的反驳。例如：

反转录：从 DNA 到 RNA 的复制是由梯明在关于 RNA 劳斯氏肉瘤病毒的研究中发现的。1970 年克里克公布了他重新制定的中心法则，以回应特明和水谷（Mitzutani）对依赖 RNA 的 DNA 聚合酶（现在称为反转录酶）的发现。这样信息就可以从 RNA 流向 DNA。现在我们知道反转录酶在原核和真核有机体中都存在，并且执行着许多与 DNA 序列修饰或添加相关的不同功能。基因组测序揭示了大量的反转录在基因组进化中重要性的证据。事实上，我们自己基因的三分之一左右都来自 RNA 对 DNA 的复制。

RNA 转录后加工：早在研究 RNA 的生物合成的时候，RNA 从 DNA 被复制后需要编辑就很明显。在某些情况下，如 tRNA 的修改会改变单个核苷酸，还会涉及其裂解前体的转录。随着 DNA 重组技术的出现，人们发现，编码蛋白质的信使 RNA 从最初的转录后要经过核苷酸序列的切割、插入等修饰。现在我们认识到，差异剪接是生物调控和基因组信息差异表达的一个重要方面。此外，反式剪接的过程被发现可以连接两个不同的转录片段，并且 RNA 编辑可能会改变转录的碱基序列。这样，除了 DNA 模板序列可以作为转录的输入，RNA 分子的信息内容也有许多输入的潜能。

催化 RNA：在对 RNA 加工过程的研究中切赫（T. Cech）和阿尔特曼（S. Altman）发现，一些 RNA 在缺乏蛋白质的情况下结构也可以发生改变。这些发现使人们认识到，RNA 分子也可以有类似于许多蛋白质的催化过程。这就意味着，在决定细胞特征的过程中 RNA 会扮演着许多更直接的角色，而不是仅限于克里克定义的蛋白质编码的作用。

全基因组转录：在 1980 年发表的一篇被广泛引用的文章中，克里克按照中心法则的观点，将基因组的 DNA 分为编码蛋白质和非编码蛋白质，其中非编码蛋白质的 DNA 对细胞功能没有意义，被称为 "垃圾 DNA"。区分 DNA 是否有信息的一个标准是，它是否被转录为 RNA。按照这种标准，在最近一个对人类基因组 1%的详细研究中，有证据表明基因组的所有区域的功能都被扩展了。因为，这个研究表明，几乎所有基因组中的 DNA 被一条链或两条链转录，其中大部分不编码 DNA。因此，基于中心法则的概念，将基因组按照是否转录分类为是否有功能的观点似乎是不成立的。还有一些其他的现象，对只有编码蛋白质的 DNA 包含有生物体有意义的信息的概念提出质疑。

翻译后蛋白修饰：在分子生物学研究的初期，人们预期蛋白质序列中丰富的信息对于决定它们的功能特性是足够的。然而，生物化学的分析很快就表明，蛋白质通过核糖体上转录后共价键大范围的改变，受功能调制的支配。这些修改包括蛋白水解切割、腺苷酰化、磷酸化、乙酰化、甲基化、肽附着、插入糖和多糖、脂类装饰、顺式和反式剪接。这样，类似于 RNA，蛋白质的信息内容有很多的潜在输入，而不仅仅是包含在 DNA 中的编码序列。对这些蛋白质催化修饰对细胞信号传导和调节的关注是非常重要的。而它们都明确地处在克里克的中心法则所排除的范围内。

DNA 校对和修复：在分子生物学和中心法则研究的初期，基因组信息的稳定性被假定为 DNA 分子和复制机制固有的特性。一些诱变的研究表明，细胞有以蛋白质为基础的几个不同层次的校对和纠错系统，这些系统通过化学和物理的破坏，复制错误，以及复杂复制的失败导致 DNA 分子的破坏等，维持基因组的稳定。在某些情况下，这些蛋白系统也负责在 DNA 序列中的特定的局部变化。这样，在中心法则的复制圈中，对基因组信息的维护也有蛋白质的输入。

2. 细胞检测和细胞间通信、细胞控制制度、大分子复合组织、自然遗传工程等领域的挑战

除了关于分子基本功能的研究以外，在细胞检测和细胞间通信、细胞控制制度、大分子复合组织、自然遗传工程等领域也都有许多发现对中心法则的解释产生挑战。下面我们仅分别对其内容进行简单的列举。

1）细胞检测和细胞间通信：变构结合蛋白；核开关和生物传感器；表面跨膜受体；表面信号；细胞间蛋白质转移；信号导出；内部监测。

2）细胞控制制度：反馈调节；信号转导网络；第二信使；检查点；表观遗传调控；调控 RNA；亚细胞定位。

3）大分子复合组织：蛋白质的多畴结构；内含子、外显子、拼接；基因组编码元素的复杂性质；重复和其他非编码 DNA。

4）自然遗传工程：细胞间的 DNA 转移；同源依赖的和独立的重组；DNA 重组模块；反转录和反向拼接；DNA 重组和有针对性的突变蛋白质工程；在正常的生命周期的基因重组；压力等刺激的反应；靶向。

如果我们可以认识到，新技术的应用会不可避免地导致一个概念在科学上的变化，那么我们就会问上面列出的分子生物学的发现能够给我们带来哪些基本的启示。而这些启示一定会导致我们对基因在表型表达、遗传及进化等过程中作用的基本假设的重大改变。在此，我们总结了以下几点启示，当然，随着分子生物学的发展一定还会有更多的启示有待阐明。

第一，没有从一类生物分子到另一类生物分子单向的信息流。如果我们尝试对 1970 年克里克提出的分子信息传递进行一个现代的注解，那么它会包括世界各地的分子生物学家对其提出的各种命题。在当代分子生物学问题的研究中，显而易见的是，多种类型的分子参与了信息从一种生物分子转移到另一种生物分子的过程中。尤其是，从本质上讲，在一个细胞语境中，基因组的细胞功能从来都是相互作用的，因为单独的 DNA 几乎都是不具有活性的。DNA 自身并不能复制或者正确地分离到子细胞中或者合成 RNA 模板。这些基本的生化事实就早已使得传统意义上的中心法则站不住脚了。更何况还有许多我们尚不清楚的特定的机制，如细胞对

DNA 结构和功能复杂化地修饰与改变。

第二，传统的原子论的基因组组织的概念不再是能够站得住脚的。我们不再可以将基因定义为染色体的一个部分或者作为染色体的一个特定区域，并且它的表达可以唯一地确定一个特定的"基因产物"。基因组的每一个元素，在遗传编码、表达、复制及遗传中，都直接或间接的和其他许多基因组的元素有复杂的结构交互和相互作用。在单独的基因组元素是如何影响其他个体的编码序列的例子中，染色质组合、RNA 加工以及蛋白质修饰的重要性都是显而易见的。同样，任何细胞或组织的特性是由单个的基因组区域决定的想法都与我们所知道的生物合成是没有逻辑联系的。我们可以用电子电路对其进行一个类比。我们可以通过移出或改变某个电路元件来认识这个元件，但是输出一定总是通过整个电路，而不是某个单独的组件。从这些遗传研究中我们可以得出的结论是，基因组的某一特定区段包含了正确操作相应细胞过程的重要信息。每一个过程都涉及多个分子成分，并且，基因组的某个区域可以是对多个过程重要的。因此，遗传的基本概念反映了基因组组织的固有体系和分布性质。

第三，分子基础特异性和精确度的挑战。19 世纪末期，对于这个问题的传统观点是"锁和钥匙"之类的相互作用。而互补性的表面仍然是理解分子结合的关键。当代分子生物学的发现早已向我们表明多价测定的特异性和组合的重要性。在这方面，生物特异性有一个"模糊逻辑"，而不是刚性地确定字符。这一点具有伟大的生物学意义。因为，多价的操作提供了潜在的反馈、调节和鲁棒性，而这是简单的机械论所缺乏的。

第四，基因改变是自然遗传工程的一个必然结果。复制错误和 DNA 损伤受支配于细胞的监视和校正。当 DNA 损伤校正产生新的遗传结构时，就有自然遗传工程功能的产生，比如，换向器聚合酶和非同源末端连接复合体。如果说 DNA 变化是一个生化过程，那么意味着它是受监督的。因此，我们期望看到基因组改变。这些期望开辟了关于在进化中正常的生命周期和潜在的非随机过程中自然遗传工程作用的新途径。

第五，信息控制了细胞功能，而不是机械的过程。活细胞的概念产生于19世纪90年代到20世纪20年代间活力论机制的辩论。当时，细胞通常被看作一个复杂的机械装置，在一系列大量的线性反应的条件下工作。在20世纪末随着分子生物学越来越多的发现，比如，控制新陈代谢、生物合成、细胞周期、损伤反应及多细胞发展的相互联系的调节回路的发现，这种占主导地位的机械论的观点开始被打破。多种非线性的建模方法被应用于生物体回路中。这些建模尝试反映了一种逐渐增强的认识，即信息处理是所有重要功能的一个中心环节。

第六，信号在细胞操作中发挥核心的作用。这些信号包括不同的化学类，如生长因子结合表面受体小分子的费洛蒙，细胞质第二信使，以及绑定到DNA的组蛋白的化学修饰。在所有关于信息传递的陈述中，它实际上都可以加入"信号"，因为在这些信息传递过程中，每一个环节可能会受到各种信号事件的影响。信号的使用对一些基本功能，如，对稳态调节、适应不断变化的条件、细胞分化、多细胞形态等是至关重要的。生物过程中不可预知信号的存在产生了一个不可避免的不确定性，这违背了中心法则及其他基因决定还原论的观点。信号依赖的不确定性还可以产生表型差异。

三、作为研究方法的中心法则的意义及其局限性

中心法则是一个关于DNA、RNA、蛋白质三大分子的信息传递的科学理论。在它的解释之下，信息不能由蛋白质向下传递到DNA，而是DNA被转录成RNA，RNA再翻译成蛋白质。更进一步讲是，"信息从DNA向上传递到RNA、蛋白质，进而延伸到细胞、多细胞系统"[①]。然而，不仅于此，中心法则还作为一种研究的方法，被用于许多研究计划，用以解决基因组的语义问题。

基因组研究的核心问题是研究作为生命系统发展和运行基础的基因组调节网络的意义。一个关于基因组意义的理论问题便是一个基因组语义问

---

① Crick F. On protein synthesis. Symposia of the Society for Experimental Biology，1958，12：138-163.

题。部分地讲，这种语义是将基因组序列转化成系统性意义的语义代码。由于生物系统是在不同的层次被组织，所以一个基因组的语义会由于该序列片段所处的本体论、功能及组织层次的不同而产生不同的语义联想意义。因此，如何获得一个基因组语义的元理论问题便成为基因组和蛋白质组研究的战略问题。

目前，许多关于基因组研究的方法论都是遵循一种自下而上的策略。这种研究方法正是受到了中心法则的启示。也就是说，中心法则为还原论者研究基因组提供了方法论基础。这种还原论方法论的前提是，在我们要进一步了解下一个层次的信息时，我们必须在理论上和实际中都要对每一个更低、更微观的层面的信息和本体论的知识有所把握。这就好比说，当我们要获得一个蛋白质的结构时，我们首先要掌握构成这一蛋白质的氨基酸信息，再获得核酸信息。然而，即便是掌握了基本的核酸信息，由于基因和细胞网络设计一系列的相互作用的部分，从核酸到蛋白质信息的过程特别复杂。

一个以中心法则为方法的研究项目，最大的弱点是其惊人的复杂度。这种自下而上的还原论策略存在的问题是，寻找到一个解决路径的搜索空间巨大。在计算机科学中，解决一个问题的关键往往就在于能够解决这个问题的可能路径的空间。这样一系列的可能路径被称为搜索空间。一个问题的一种解决方法就是一个路径在这样一种搜索空间中实现一个目标或解决。一些问题拥有巨大的搜索空间，从而使得其在实际层面上几乎不可能被解决。这就是计算机科学中所谓的 NP-complete 问题[1]。这些问题的复杂程度，足以使现阶段最快的计算机瘫痪。基因组和细胞网络的研究正是面临这样的问题，它们涉及成千上万的相互作用的部分。遵循一种自下而上的策略进行研究，必然在其过程中呈现出一系列的 NP-complete 问题。

然而，在实际的研究过程中，研究者形成的研究策略都是依据关于更

---

[1] Werner E. In silico multicellular systems biology and minimal genomes. DDT, 2003, 8 (24), 1121-1127.

高层次的生物信息的知识。"即使在平常的实验决策和实验设计中，研究者的行为都是在一个关于现象的系统知识，即一个更高层次的语境中进行的。"①例如，多细胞交叉的功能问题和动力学问题、多细胞系统、器官等生物过程。在这些系统问题的研究过程中，研究者预先假设这些知识可以对他的研究和实验设计提供一个更宽的方向。更为重要的是，这样就使得这个研究有了其自身的意义。这种高层次、系统性的信息给出了这个研究或实验为什么要进行的理由。

这种知识在人工智能的研究领域被称为启发性知识。启发性知识被定义为可以减少搜索空间的信息。因此，在这种情况下，科学家就利用这种启发性的、系统层面的生物学知识，去减少那些非正式的、直觉的、先验的搜索空间，从而来解决他的问题。在我们所说的基因组语义的问题中，启发性信息不仅可以减少基因组语义的搜索空间，还可以减少基因代码可能解释的空间。

例如，在信息的传递方面，根据中心法则，信息是不能从蛋白质到 RNA 再到 DNA 向下传递的。然而，在系统层面，信息是可以从蛋白质向下传递到 DNA 的。细胞信号就是一个例子。正是由于一系列的蛋白质与蛋白质的相互作用，蛋白质与 RNA 的相互作用，导致了 DNA 转录的被激活。因此，从系统层面来讲，中心法则仅仅介绍了细胞信息系统中许多种可能的信息传递路径中的一种。实际上，存在细胞内的信息传递路径和细胞间的信息传递路径。这些路径构成了细胞内及细胞间的信息传递网。然而，它们又都是通过细胞的基因组信息来组织着细胞内和细胞间的信息传递的。

所以，我们必须有意识地去区分作为科学理论的中心法则和作为研究方法的中心法则。否则，我们就有可能错误地提前认为，由于信息不能向下传递，我们就不能自上而下地由高层次的信息得到低层次的信息。多细胞及单细胞中信息传递的二元性，就使得基因组语义的研究策略，跳出了

---

① Werner E. The future and limits of systems Biology. Science's STKE:Signal Transduction Knowledge Environment, 2005, (278): 16.

传统意义下中心法则的局限性。

现阶段，关于基因组理论的大部分研究，都是遵循传统意义下的中心法则，在一个严格的自下而上的研究策略下进行的。替代这种严格的自下而上的研究策略，我们主张同时考虑一种自上而下的互补性策略。我们认为，一种能够整合高层面的系统层面与低层面的基因组信息层面的研究策略，对于解决基因组语义问题是非常必要的。传统意义下的中心法则对于基因组语义研究已经不再是充足的组织模式。那么是否存在一种路径，在细胞和多细胞的语境下，利用高层次的系统信息去理解基因组？我们认为是存在的。正如前文所言，这时候我们就需要对传统意义下的中心法则进行语境上升，在细胞和多细胞的层面对其进行语义理解。同时，在方法论层面，我们也就同样可以尝试一种自上而下的研究范式，来补充之前的严格的自下而上的方法论研究策略。

第四节　中心法则方法论意义研究的新路径

一个自上而下的研究策略是什么样的呢？

在一个自上而下的研究策略下，我们可以在抽象概念的层面来讨论多细胞的发展过程。在抽象概念层面的讨论，可以使我们获得更多关于系统层面的现象。这里，我们可以假设有一个软件系统，并且在这个软件系统中我们可以设计一个人工基因组，同时在这个系统中该基因组可以产生一个人造有机体。然后，我们可以使这个人造基因组尽可能地模仿自然基因组的主要的系统属性。比如，该系统是否能够模拟多细胞的发展、细胞信号的传递、组织的产生或细胞分化等？在该系统中进行特定位点的基因突变，是否能得到自然基因组下的相似效果，如畸形发展、过早死亡、癌变等？这一系列问题的实现，就使得我们可以确认该系统能够反映自然基因组的一些基本特征。然而，我们可能需要一种更为精确的相关性。但是，如果我们能够使得人造基因组与自然基因组相关联，那么我们就得到了从一个基因组翻译到另一个基因组的开端，如图3.3所示。

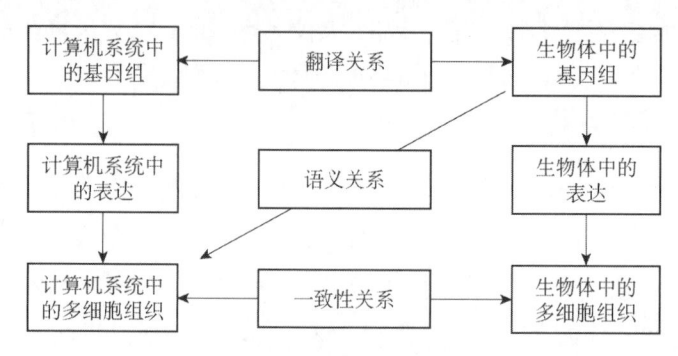

图3.3　基因组翻译模拟图

图3.3所模拟的是生物体内的基因组和计算机系统中多细胞有机体之间的关系。图中的"翻译关系"指的是计算机系统及生物体系统中基因组之间的"句法关系"。中间的"语义关系"表示的是用计算机系统中的多细胞有机体语言翻译出生物体中的基因组。下面的"一致性关系"应该包括系统之间暂时的和动态的形态学之间的一致性。

这就好比将英语翻译成汉语。我们需要知道这些被翻译的单词是什么，如何在句子中使它们相关联。这就是语言中的句法。但是，首先我们需要知道语言的语义。也只有当两段话的意思相同的时候，对于一个词、一句话或者一段话的翻译才是充分的。

这样我们就通过计算机代码的语义获得了基因组的语义。然而，在这个过程中，并不妨碍我们同时使用自下而上的研究策略。"在人工智能中，合并自上而下和自下而上的研究路径是较优的研究策略之一。当两种研究路径，分别自上而下与自下而上在中间合并时，便形成了一种解决路径。"[1]

在这里需要注意的是，无论是低层次的本体论层面（如生物化学），还是高层次的关于信息和本体论的层面，对于研究生物过程而言，没有哪

---

[1] Huang S. The practical problems of post-genomic biology. Nature Biotechnology, 2000, 18（5）: 471-472.

一种是固有的更为优越的。关于细胞和多细胞现象的正确的高层面的信息，没有必要一定要被还原成更低层面的本体论视角。在很多情况下，高层面的系统知识反而能够帮助我们限定研究的搜索空间，促进我们去理解更低层面的生物过程。因此，对于一个系统不同层面的信息的理解，能够使我们获得更多的、更全面的关于该系统的知识。

所以，在细胞或者多细胞系统的层面，中心法则可以被简单地描述为基因组→蛋白质组。我们也没有必要必须将其还原到 DNA 转录和翻译的层面。

〈本章小结〉

随着分子生物学的发展，其理论在不断地远离经验。在这样的一个背景下，如何去构造、理解和解释分子生物学，语义分析成为一种十分重要的科学方法。首先，"语义分析方法本身作为语义学方法论，在科学哲学中的运用是'中性'的，这个方法本身并不必然地导向实在论或反实在论，而是为某种合理的科学哲学的立场提供有效的方法论的论证。"[①] "语义分析方法在例如科学实在论等传统问题的研究上具有超越性，在一个整体语境范围内其方法更具基础性；其次，作为科学表述形式的规则与其理论自身架构是息息相关的，这种关联充分体现在理论表述的语义结构之上，对其逻辑合理性的分析就是对理论真理性的最佳验证；最后，生物学理论表述的多元化特征使得语义分析应用更加具有灵活性。"[②]

本章讨论了中心法则形成的逻辑基础，包括其形成的理论基础与当时的科学社会基础。之后，又阐述了中心法则形成过程中语境依赖下的语义变迁过程。并表明中心法则语义的实现无法脱离其整个理论的语义结构。在整个理论中，每一次结构的上升或者下降，都会带来其代码的语义调整。同时，生物体是一个多层次的、有组织的、结构复杂的系统，在这个

---

① 郭贵春. 语义分析方法与科学实在论的进步. 中国社会科学, 2008, (5): 54-64.
② 郭贵春, 赵斌. 生物学理论基础的语义分析. 中国社会科学, 2010, (2): 15-27.

不同层次被组织的复杂系统中，任何一个代码的语义都会由于其指称实体所处的本体论、功能及组织层次的不同，而产生不同的语义联想意义。因此，对中心法则进行语义研究是有益于其意义澄清及理论分析的。然而，这种语义研究应该在分子生物学发展的纵向语境下进行。因为，中心法则的语义变迁正是在分子生物学纵向发展的语境化与再语境化的过程中实现的。同时，我们也只有在某种特定的语境下对中心法则进行语义解释，才不会导致其语义的局限性。

从生物学理论发展的历史来看，无论是在本体论、认识论，还是方法论上，中心法则都对现代生物学具有十分重要的哲学意义。然而，从传统意义的角度来看，无论是作为科学理论的中心法则，还是作为研究方法的中心法则都有其意义的局限性。本章具体讨论了它们的各种局限性。作为科学理论的中心法则语义不被局限，就可以避免其作为研究方法的意义局限性。在传统的意义下解决基因组语义问题，占统治地位的是由中心法则激发的一种严格的自下而上的研究策略。中心法则作为一种还原论的基础为研究者提供方法论。20世纪，分子生物学的发展取得了划时代的成就，这与还原论的方法在分子生物学中的应用是无法分开的。但是，生物体的系统性、复杂性特点，又使得还原方法的应用有其具体的局限性。这种严格的自下而上的研究策略带来的问题是研究过程过于复杂，在实际的层面去解决问题几乎不可能。因此，我们主张一种互补性的自上而下的研究策略。这种自上而下的研究策略，可以在高层次的语境下，对我们解决基因组的语义问题提供一种新的方法论思维。还原论方式的自下而上的研究策略与系统思维方式的自上而下的研究策略，两者既相互对立又相互依赖。如何合理地结合这两种研究策略，对于进一步阐明生命系统的运行机制及规律性是有很大帮助的。

第四章 分子生物学中信息概念的语义分析

随着 DNA 概念的提出，生物学的发展进入分子水平的解释模式时，信息的概念就进入了生物学哲学家的视野，并逐渐成为他们关注的重点。近年来，生物学哲学家对信息的概念进行了一系列的争论。争论的内容主要可以分为以下三个问题：①信息概念在生物学上仅仅只是隐喻式地使用，还是有其理论依据；②信息概念的使用对基因研究基本框架的采用是否有本质的影响；③信息概念的使用与基因决定论的关系。其中对第一个问题的讨论相对较多。不难想象，一般人很容易将生物学上的信息概念与日常生活中的信息概念相混淆，因为许多生物学家都认为生物体以某种方式遵从着基因信息。那么分子生物学中的信息是什么？基因是否包含信息？我们应该在什么样的基础上去理解分子生物学中信息的意义？而分子生物学中的信息概念又有什么样的特征？本章从这几个问题出发，对分子生物学中的信息概念进行了系统的语义分析。

第一节 分子生物学中信息概念的语义溯源

"中心法则……指出，信息一旦流入蛋白质就不能再流出。更详细地说，信息从核酸到核酸或者从核酸到蛋白质间的传递是可能的，但是从蛋白质到蛋白质或从蛋白质到核酸是不可能的。这里信息意味着序列的精确决定，要么是核酸中的碱基序列，要么是蛋白质中氨基酸残基的序列。"[①]克里克将最初信息形式化的概念扩展为以上中心法则的表述。在分子生物学中，对于基因——信息的载体、中心法则——信息的传递机制、遗传密码——遗传的信息等概念的理解都无法脱离信息的概念。对生物学中信息概念的产生、发展及发展过程中遇到的诘难与辩护等进行详细的分析与研究，可以使我们对这一概念有更加清晰与彻底的认识。

---

① Crick F. On protein synthesis. Symposia of the Society for Experimental Biology, 1958, 12: 138-163.

一、信息概念的提出

在分子生物学中，信息的概念是作为一个公认的理论——生物特异性的一部分被提出的。到 20 世纪 30 年代左右，活体组织中生物特异性在分子生物学早期的研究中已经被非常清晰地明确。例如，特定的分子与某一个或者最多与某几个特定的反应物相互作用；酶与特定的底物相互作用；活体生物不仅对于自然产生的抗原能够产生具有高度特异性的抗体分子，对人工合成的抗原也可以。在当时，基因的作用甚至有时就被用来描述"特异性"：对于不同的精确度，基因明确地指定其表现型成为它们的"特异性"[①]。而基因和酶的关系在当时被确定为特异性最终的典范，"一个基因一个酶"也许是早期分子生物学中最重要的一个假说。

到了 20 世纪 30 年代末，一个新的关于特异性的成功的理论应运而生。鲍林根据对生物分子结构和功能的研究，提出了"结构决定功能"的理论，这个理论认为一个分子的行为是由它的结构决定的，并且影响生物相互作用的是不同形状的分子间精确的类似于锁和钥匙的关系[②]。在 20 世纪 40 年代，当时许多生物大分子的三维结构还没有被明确地确定，对生物大分子间各种各样的相互作用也只是一种大概的证明。因此，当时特异性的构象理论具有一定的投机性。但是到了 20 世纪五六十年代，它便成为了分子生物学中最重要的胜利之一。因此，如果说"一个基因一个酶"，是早期分子生物学的典型口号，那么"结构决定功能"便是 20 世纪 60 年代分子生物学领域的主导原则。

与此同时，1944 年，薛定谔的《生命是什么》一书出版，在该书中他对于特异性不同来源的可能性，提出了一个概念性的方案。薛定谔问道，一个受精卵的细胞核是那样小，它是如何包含了一个成熟有机体正常

[①] Timofeeff-Ressovsky H A, Timofeeff-Ressovsky N W. Uber das phdinotypische manifestieren des genotyps. II. Uber idio-somatische variationsgruppen bei Drosophila funebris. Roux Archiv fur Entwicklungsmechanik der Organismen, 1926, 108: 146-170.

[②] Beadle G W, Tatum E. Genetic control of biochemical reactions in neurospora. Proceedings of the National Academy of Sciences of the U. S. A., 1941, 27: 499-506.

发育所需要的所有必要的信息？他指出，在细胞核中存在一些结构，它的组织被解释为"一个精心制作的密码脚本"，他将这个密码脚本与莫斯密码相类比。尽管他愿意支持密码存在于多维体系中，但是，即便是在一个线性的 5 个字母组成的密码中，25 个字母组合产生的信息都可以产生超过 10^{17} 个①。这样，在薛定谔的模型中特异性来源于不同单元线性的排列顺序，而不是其物理性状。在第二次世界大战后期，许多物理学家都是因为受到了《生命是什么》一书的影响，从而将其注意力转移到生物学。这对其后生物学历程的发展产生了很大的影响②。

在 20 世纪 40 年代，微生物遗传学也有一个急剧的发展。这始于卢里亚（S. E. Luria）和德尔布吕克在细菌中对自然突变的证明；之后是艾维利和他的同事们对 DNA 可能作为遗传物质的证明；最后是约书亚·莱德伯格（J. Lederberg）在细菌中发现了基因重组。伴随着这些新的发现，"转移"（transformation）、"感应"（induction）、"转导"（transduction）等一些新的术语被引入到对这些现象的描述过程中。分子生物学家们也试图通过对这些术语的使用来绕过对一些现象解释的困难。与此同时，埃弗吕西（Ephrussi）等人建议用"细菌间信息（interbacterial information）"术语取代这些所有的表述。这便是现代遗传学中第一次使用"信息"③。埃弗吕西等人强调，使用该术语"并不必须意味着物质材料的转移，他们认为在细菌的水平将来可能会出现控制论的重要性"④。

事实上，在埃弗吕西等人建议用"细菌间信息"术语取代这些所有的表述之后，在下一期的《自然》杂志中，沃森和克里克就公布了 DNA 的双螺旋模型。他们提出的碱基对 A—T 和 C—G，表现了一种特异性可能的方式。在这种方式中两个螺旋的特异性可以参与到精确复制的形成中。而且，在他们关于 DNA 双螺旋模型的第二篇文章中，他们继续明确地使

---

① 埃尔温·薛定谔. 生命是什么. 罗来欧，罗辽复译. 长沙：湖南科学技术出版社，2005：3.
② Sarkar S. What is life? Revisited. BioScience, 1991, 41: 631-634.
③ Ephrussi B, Leopold U, Watson J D, et al. Terminology in bacterial genetics. Nature, 1953, 171 (4355): 701.
④ Ephrussi B, Leopold U, Watson J D, et al. Terminology in bacterial genetics. Nature, 1953, 171 (4355): 701.

用"信息"这一术语，并且隐含地将其定义为"密码"所携带的内容："我们模型中的磷酸糖骨干是完全常规的，而碱基对的任何序列都可以纳入到这个结构中。因此，在一个长的分子中有很多不同的排列是可能的，就像碱基的精确序列作为密码，携带了遗传信息。"①

在1958年克里克最终将"信息"明确地定义为蛋白质序列的特异性（specification）。在当时克里克关注的是蛋白质的合成。他认为，在蛋白质合成的过程中涉及三个独立的因素："能量的流动，物质的流动，信息的流动。"②而前两个因素是物理和化学的范畴详细讨论的，只有信息是生物系统所特有的。在这种语境下，克里克更加谨慎地定义了"信息"："我的意思是信息是蛋白质中氨基酸序列的特异性。"克里克思辨性地认为遗传信息被编码在DNA序列中。他假设蛋白质物理和化学层面的折叠纯粹是由其氨基酸序列所导致的。这就是著名的序列假说。由于蛋白质折叠的问题持续没有解决，所以，这个假说至今依然没有被证实。最后，他将信息的这种形式化的概念扩展为："中心法则……指出，信息一旦流入蛋白质就不能再流出。更详细地说，信息从核酸到核酸或者从核酸到蛋白质间的传递是可能的，但是从蛋白质到蛋白质或从蛋白质到核酸是不可能的。这里信息意味着序列的精确决定，要么是核酸中的碱基序列，要么是蛋白质中氨基酸残基的序列。"③

克里克关于信息单向传递的假设并不是产生于物理因素，而是克里克形而上学地提出了一种新达尔文主义的分子特征。克里克明确指出："它可以被认为是，（蛋白质）序列是对一个有机体的可能表型的最精确的表达。""因此，信息的单向传递保证了表型水平的改变不会诱发基因型的改变，也不会被遗传。"克里克还隐含地区分了两种不同类型的特异性：DNA双螺旋模型中每一个互补链上DNA序列的特异性；DNA和蛋白质

---

① Watson J D, Crick F H. Molecular structure of nucleic acids—A structure for deoxy ribose nucleic acid. Nature, 1953, 171: 737-738.

② Crick F. On protein synthesis. Symposia of the Society for Experimental Biology, 1958, 12: 138-163.

③ Crick F. Central dogma of molecular biology. Nature, 1970, 8: 561-563.

之间关系的特异性。而后者是由遗传信息调控的。信息的概念是一种组合，所有需要的密码功能的执行都来自 DNA 片段中碱基序列的组合。[1]

可以看出，薛定谔概念性的方案引出了"编码信息"的理论，而克里克的序列假说深化了"编码信息"的理论，从而一个不同于构象理论的、关于特异性的新理论，在分子生物学中被确定。

其实，在克里克用特异性明确地定义信息之前，类似的想法就已经被系统地使用了。例如，1955 年，在一个关于酶的研讨会上，梅齐亚（Mazia）提出 RNA 的作用就是携带信息，在蛋白质合成的过程中，这个信息从 DNA 核酸中被传递到细胞质中。[2]在 1956 年的同一个会议上，施皮格尔曼（Spiegelman）提出，蛋白质结构需要的"信息复杂性"使得 RNA 和 DNA——两种仅有的可能性——成为蛋白质形成的模板。[3]1956 年，莱德伯格（Lederberg）指出，"信息"就是如今被称为"特异性"的东西。[4]

然而，将信息概念正式嵌入分子生物学概念框架的是遗传密码概念的提出。它将 DNA 和蛋白质之间的关系构象为一种具体的编码形式。在 DNA 双螺旋结构被提出之后，伽莫夫（George Gamow）和他的同事们就很快地将遗传密码的思想带入了分子生物学。他们试图从关于信息的一些理论假设中推断出遗传密码的性质。而在解决编码的过程中，首先要解决的是 DNA 核苷酸对单个氨基酸残基的编码具体是什么；其次是，当一个长链的 DNA 编码一个氨基酸残基序列时，这些密码之间是否有任何的重叠。许多科学家从不同的假设中构想出各种的编码方案，如伽莫夫提出的"菱形密码""三角密码"、克里克提出的"无逗点密码"、哥伦布（Golomb）提出的"双正交密码"等。

---

[1] Crick F. Central dogma of molecular biology. Nature，1970，8：561-563.
[2] Mazia D. Nuclear products and nuclear reproduction//Gaebler O H. Enzymes：Units of Biological Structure and Function. New York：Academic Publishers，1956：261-278.
[3] Spiegelman S. On the nature of the enzyme-formation system//Gaebler O H. Enzymes：Units of Biological Structure and Function. New York：Academic Publishers，1956：67-92.
[4] Lederberg J. Comments on the gene-enzyme relationship//Gaebler O H. Enzymes：Units of Biological Structure and Function. New York：Academic Publishers，1956：161-169.

对于分子生物学中信息的概念而言，遗传密码的理论方案是非常重要的。因为它们中任何一个方案的成功都将至少会提供一个分子生物学中信息的基本理论。然而，随着分子生物学的发展，它们都被推翻。尽管这些都失败了，但是分子生物学中编码和信息的想法依然被坚持。克里克关于信息的定义也一直被保留，比如，长的 DNA 片段，除非它们能编码更多的基因，否则就不能被认为它们比短的 DNA 片段携带更多的信息；如果调控序列没有任何编码的作用，那么在任何直接的意义上，它们都不能被说成是包含有信息。①

在 20 世纪 60 年代，绝大多数的分子生物学研究都是以大肠杆菌为对象。而作为原核生物的大肠杆菌，其基因组有其特殊的简单性。在大肠杆菌基因组中，每一个 DNA 片段都具有编码功能或调控功能。对于编码区而言，其转录的结果会形成一条互补的 mRNA 分子链，不需要进一步的修改就可以在核糖体上进行翻译。然而，随着分子生物学的研究进入真核生物，信息的概念及其特性就遇到了更多的挑战。

二、真核生物对早期信息概念的挑战

如果说大肠杆菌基因组的特性与真核生物的基因组相同，那么，1958 年克里克提出的信息概念，以及由其而产生的编码框架都是可接受的。所有的遗传信息可以被认为是存在于有机体的 DNA 序列之中，通过转录的过程从 DNA 转移到 RNA，通过翻译从 RNA 传到蛋白质，并且信息从来不会从蛋白质传给氨基酸序列。同时，关于遗传学语言术语的描述也都是可以被接受的。然而，到了 20 世纪 70 年代初，分子生物学的研究表明，人们对生物体绝对普遍性的想法是不正确的。

20 世纪 60 年代，当分子生物学家转向真核细胞的遗传学时，他们发现了一个接一个的意外，以至于沃森等人将一篇关于真核细胞遗传学的文章命名为"真核基因意想不到的复杂性"（The Unexpected Complexity of

---

① Crick F, Griffith J S, Orgel L E. Codes without commas. Proceedings of the National Academy of Sciences of the U. S. A., 1957, 43: 416-421.

Eukaryotic Genes）。正是这些令人眼花缭乱的复杂性，使得原核基因中原本适用的简单定律不再适用于真核生物。对真核生物的研究表明，最起码有以下4个方面的发现，会对根据原核生物而形成的简单的信息概念产生挑战。

第一，并非所有的DNA片段都有编码或调控功能。在人类基因组中，有多达95%的DNA可能都没有功能。首先是真核基因中内含子和外显子的发现。如果将一个基因片段看为一个整体，那么，其中有编码功能的编码区域，被称为"外显子"，穿插在其中不能编码的区域被称为"内含子"。在几乎所有的真核细胞中，对应于内含子的RNA片段在转录后都会被剪切。其次是选择剪接的发现。对于同一个mRNA前体序列，根据不同的剪接方式，可以形成不同的mRNA剪接片段，从而编码不同功能和结构特性的蛋白质。再次是在基因与基因之间，即已知的有编码或调控功能的片段之间，有大段的非功能性DNA片段。内含子和其他非功能性DNA片段的存在，使得并不能根据对DNA序列的简单读取，而推导预测氨基酸序列，即便是在所有的调控区域都已明确时。

第二，遗传密码不是通用的，尽管已知的变化量不是很大。目前，发现的最广泛的变化是线粒体DNA。例如，在通用密码中UGA编码终止密码子，但是在大多数的线粒体中UGA却编码色氨酸。我们可以将这一现象解释为，线粒体DNA是"特殊的"，因为线粒体可能以独立的有机体出现，这个有机体随后才被纳入到真核细胞中。然而，在至少4种原生动物的核DNA中也发现了遗传密码的变化。例如，在草履虫的蛋白质合成的过程中密码子UAG和UAA就分别编码谷氨酰胺和谷氨酸，而不是终止密码子。此外，在许多物种中，UGA编码的氨基酸残基，并不属于20种标准的氨基酸中的一种。在某些病毒DNA的序列中，密码子UGA和UAG在读取时有时会被忽略，既不作为终止密码子，也不作为普通密码子，但也并不总是会被忽略。甚至在相同的RNA序列中，这些密码子有时就编码终止信号，有时就会被忽略。例如，病毒Qβ的蛋白质外壳通常是由UGA作为终止密码子产生的。然而，它会有2%的可能性被忽略，从而导致一个较长的功能性蛋白。

第三，密码突变的发现，摧毁了遗传密码在自然中同步的任何残留信念。阅读框在有机体中的转移，很大程度上是一个猜测。有时，DNA 水平的阅读框转移，被用于 RNA 片段的转录，它会被翻译成一个不同的蛋白质而不是那个标准蛋白质。

第四，除了选择剪切，mRNA 编辑还有其他的几种类型。例如，在哺乳动物的肠细胞中，有载脂蛋白的 mRNA 中的一个确定的 C 核苷酸通过脱氨基，使其转换为 U，并形成一个终止密码子。C—U 的脱氨基，以及 U—C 的胺化过程也都在几种植物的线粒体 mRNA 的转录过程中被发现。此外，线粒体 RNA 的哪个碱基可以被插入或删除也已经被观察到。尤其是线粒体 RNA 碱基的插入或删除使得在没有基因时蛋白质为什么能够形成的问题可以被解释。再举一个极端的例子，如在人类的寄生虫布氏锥虫中，有多达 551 个 U 在整个转录编码 NADH 脱氢酶亚基 7 的过程中被插入，有 88 个被删除。在这种情况下，编码初级转录的 DNA 片段，很难被认为是 NADH 脱氢酶亚基 7 的基因。而通过检测 DNA 序列，也不可能事先预测最终形成的蛋白质。而且，在几乎所有的真核细胞中，在转录后的 RNA 碱基上都会被添加"尾巴"和"帽子"。[①]

在当今分子生物学研究的语境下，RNA 编辑是真核基因研究中最受关注的方面之一。RNA 编辑已经表明所有的遗传信息都储存于有机体 DNA 序列之中的理论不是放之四海而皆准的。如果所有的遗传信息并不一定都储存于有机体 DNA 序列之中的想法被接受，那么就意味着不是所有的信息都是按照 DNA 到 RNA 再到蛋白质的过程翻译，或者意味着并不是所有的信息都要通过传统编码关系的想法是可以被接受的。这样，中心法则就不再是完全可靠的了。

在如今的语境下去批评 20 世纪 60 年代的分子生物学家，批评他们没有预测真核生物的这些复杂性是不合理的。因为，在当时他们没有任何的实验证据。然而，真核生物的这些复杂性至少可以表明，最初根据对大肠

---

① Cattaneo R. Different types of messenger RNA editing. Annual Review of Genetics, 1991, 25: 71-88.

杆菌的研究而获得的早期的信息概念不再是充分的。甚至我们应该反思，信息的概念及在其概念框架上提出的遗传密码的概念究竟是占有了生物系统的某些重要特性，还是它们仅仅只是一种隐喻式的使用，就像有些人提出的，它们只是在认为核酸和蛋白质之间的物理结构是线性关系的过程中的一个附带品。①

三、控制论和信息论对信息概念的辩护

到目前为止，信息的概念基本上还被理解为1958年克里克的假设所解释的那样，通过遗传密码被DNA序列确定的特异性。虽然，克里克定义的早期的信息概念受到了真核生物的挑战，但是对这个定义的解释留有开放的可能性，那就是我们可以对"信息"的术语进行一些其他的解释，从而使其继续成为分子生物学的一个核心概念。历史上，有两个这样的解释，它们分别是控制论和信息论。

1. 控制论的辩护

1948年诺伯特·维纳（N. Wiener）出版了《控制论——关于在动物和机器中控制和通讯的科学》一书，在该书中维纳认为，控制论是一门研究机器、生命社会中控制和通信的一般规律的科学，是研究动态系统在变的环境条件下如何保持平衡状态或稳定状态的科学。②第一个在生物学中提到控制论方面评论的是埃弗吕西（Ephrussi）等人，他们认为可以在细菌的层面通过探索控制论来理解信息的转移。③他们认为，控制论可以提供在分子生物学中使用信息的理论。但是，在当时并没有人明确，究竟是什么构成了控制论。"控制论"的术语是由诺伯特·维纳推广的。但是维纳的工作表明，控制论是一个关于调控的理论，而且，特别是关于自身调控系统的理论。调控被认为是通过"反馈"假定发生的。而反馈的概念在

---

① Sarkar S. Decoding "coding": Information and DNA. BioScience, 1996, 46（11）: 857-864.
② 诺伯特·维纳. 控制论——关于在动物和机器中控制和通讯的科学. 郝季仁译. 北京：科学出版社，2009: 6.
③ Ephrussi B, Leopold U, Watson J D, et al. Terminology in bacterial genetics. Nature, 1953, 171（4315）: 701.

控制论被提出很久之前就已经进入了生物学，它是之后被增选到控制论的框架中的。反馈为调控提供了信息。因此，在控制论中，信息的概念仅仅只被明确为一个指标，——"信息"就是能够调控的那个。

尽管公认的关于遗传学控制论的解释早在 1950 年就开始了，但是生物学哲学家萨卡认为控制论在分子生物学中的价值是值得怀疑的。[1]在 20 世纪 50 年代间和 20 世纪 60 年代初期，当时分子生物学的概念框架已经被建立，如果将已经公布的实验数据作为证据，那么当时的那些解释只有微不足道的影响。直到 1971 年，莫诺（Monod）发表《偶然性与必然性》一文，他在该文中将控制论赋予了新的生命。在该文中他使用控制论解释了许多他早期的工作，例如，他认为蛋白质变构调节的模型及细菌细胞调控的操纵子模型，就像一个控制系统。

然而，萨卡指出，无论当时莫诺的解释多么合理，一旦分子生物学的研究进入真核生物，真核基因的各种意想不到的复杂性都会立刻使其崩溃。[1]虽然，真核基因组的调控到今天也没有完全弄清楚，但是有一点可以明确的是，类似于操纵子的模型并不能解释真核基因的调控。

控制论是分子生物学发展过程中的一个转向，它在一定程度上对分子生物学中的信息概念进行了辩护，但是，它也不能将分子生物学中的信息概念恢复到其早期的概念形态。因为，作为"反馈"的"信息"也很难让中心法则成为真的。

2. 信息论的辩护

信息论对信息概念的解释出现在信息的数学理论中。在信息论中，信息的数量是由信息交流过程中可获得的相关选择数据的对数测量的。信息蕴含着不确定性；形式上，它的数值是由一个熵函数决定的，这个熵函数与通常统计学的熵是类似的。在 20 世纪 50 年代，有很多人都尝试将信息论中的信息概念应用在分子生物学中。例如，在 1953 年，布兰森

---

[1] Sarkar S. Biological information: A skeptical look at some central dogmas of molecular biology// Sarkar S. The Philosophy and History of Molecular Biology: New Perspectives. Dordrecht: Kluwer, 1996: 187-231.

（Branson）计算了多肽序列中的信息内容，使用不同残基的经验频率去计算一个序列中每个位置的不确定性。同年，利普希茨（Linschitz）以类似的方法，试图计算一个细菌细胞的信息内容。然而，到了 1956 年，即便是信息论最坚定的支持者——郭斯勒（Quastler），也至少是暂时承认了信息论对分子生物学中信息概念辩护的失败：信息论在消极的方面是非常强大的，即在证明什么不能做的方面；在积极的方面，到目前为止，它关于生命研究的应用方面还没有太多的结果；它既没有导致新事实的发现，也没有被应用在已知事实测定的判定实验中。至今为止，在生物学中一个有明确价值判断的信息论是不可能的。[1]

尽管之后还是有人将信息论直接应用在分子生物学中，但是，结果都不是很令人满意。例如，1992 年，约基（Yockey）尝试将信息论应用在分子生物学中，他的一个主要结果是多肽不可能为 DNA 序列编码。这个"理论"的基础是遗传密码的简并性：一个给定的多肽链可以被不同的 DNA 序列编码。这个结论确实是正确的。但是，萨卡指出，需要关注的是，为什么信息论，或者其他任何抽象的理论框架，都必须被用到关注这么微不足道的问题上。[2]这仅仅只是一个简单的组合事实，伽莫夫、克里克以及任何其他曾经考虑过 DNA 和蛋白质关系的人对这一点都已经很明确。托马斯·施耐德（Thomas Schneider）和他的同事试图使用信息论去找到长 DNA 序列的很多功能的相关部分。关于这一点的基本想法，可以追溯到 1961 年的木村（Kimura），木村认为序列的功能部分很有可能是通过自然选择保存的。因此，在香农（Shannon）的意义上，它们是具有低信息量的。施耐德的方法是否能够做到他们最初的承诺，仍有待观察。然而，仅在概念的层面上，这个"信息"的概念在当前的语境中是无关紧要的。根据这个概念，对于 DNA 序列而言，信息的内容是一组序列的特性：在 DNA 序列的独立位置上，变化性越大，信息量就越大。但是，这

---

[1] Quastler H. The status of information theory in biology: A round-table discussion//Yockey H P. Symposium on Information Theory in Biology. New York: Pergamon Press, 1958: 399-402.

[2] Sarkar S. Decoding "coding": Information and DNA. BioScience, 1996, 46（11）: 857-864.

个方案中的"信息"事实上并不是一个单独的DNA序列所包含的，也不是通过细胞器被编码的。如果按照木村的观点，那些具有低"信息"量的功能序列才应该被认为是生物信息。

第二节　对早期信息概念的诘问

可以发现，无论是控制论还是信息论都无法实现对分子生物学中信息概念的充分辩护。尤其是随着分子生物学的发展，"信息"和"遗传密码"的概念在分子生物学中的运用都显得更加不确定。虽然，信息和编码的概念是当今如何理解分子生物学的核心，放弃这些概念将会对分子生物学产生重要的影响。但是，仍然有部分学者对信息和遗传密码的概念持有否定的态度。萨卡就是众多否定者之中最突出的一位，他认为，在现代分子生物学的语境下，尤其是对于真核生物而言，信息和遗传密码的概念都越来越不合时宜。至少有以下5种情况可以对信息和遗传密码的概念进行诘问[1]。

第一，如果生物"信息"不仅仅是DNA序列，那么一个有机体的其他特征也可以包含信息。例如，许多研究发现表明，一个细胞的发育命运很可能是由如DNA的甲基化等特征决定的，这种模式甚至最终不仅仅是由DNA的序列决定的。这些"表观遗传"的模式能被几代的细胞所遗传。在相同的有机体中，不同的细胞由相同的DNA序列推测，能有不同的表观遗传模式。这些差异可以导致细胞的专业化和分化，通常是发育改变的预兆。表观遗传的规范有时会在有机体的几代中传递。如果"信息"有任何合理的生物学意义，那么将哲学规范的转移认为是信息的转移，将不再是奇怪的。而传统的以DNA为基础的信息概念排除了这种可能性。

第二，如果分子生物学的中心法则被解释为一种普遍的生物法，那么

---

[1] Sarkar S. Decoding "coding": Information and DNA. BioScience, 1996, 46 (11): 857-864.

它就是错误的。如果认为蛋白质序列不能直接指定核酸序列，就像核酸序列指定蛋白质序列那样，那么这样一个不夸大的解释仍然是正确的。这个简略的解释一定没有中心法则夸大的修辞能力，但是，公众的认识一直被供奉在中心法则之中，这种撤退式的解释真的会冲蚀公众的一些看法吗？通常中心法则对于一般生物学重要性的辩护是这样的一个观点——获得性特征在分子的水平是不遗传的。然而，中心法则的这个解释也同样不是完全合理的。虽然并不经常是，但是获得性特征偶尔也能遗传。同时，还有一个现象能够更加确保这一问题——来自体细胞的生殖隔离。在高等动物中，甚至涉及 DNA 改变的获得性特征也不能被遗传。除了没有生殖细胞的植物，动物中隔离的范围会出现跨越门类的大的变化。然而，无论核酸和蛋白质的关系是什么，它们的关系都表明不会出现这种跨门类的变化。关于 DNA 如何抵抗跨门类间的容易的变化，一定有一些奇特且有趣的事情。但是所有的这些观察都需要去研究和理解，而不是去用一些关于信息的，所谓的法则基础进行解释。

第三，许多有影响力的关于当代生命起源的讨论都集中在信息的起源上，其中信息被简单地解释为核酸序列。这些讨论都暗含了一个假设，核酸序列最终编码了那些对生命形式产生所必需的一切。因此，对这些序列最初起源问题的解决将会解决生命的起源问题。而远离序列的改变将会对这些努力提出一定的质疑：对 DNA 片段可能起源的解释，并不足以解释生命细胞的起源。

第四，现代分子生物学中对 DNA 序列的强调是不恰当的。因此，各种强调启动人类基因组计划（HGP）的争论是没有扣人心弦的。因为，HGP 没有首先确定片段的功能序列，而是直接就盲目地进行测序。这将会导致产生一个崩溃的计算程序。当然，这已经不是一个新鲜的论点。在这之前已经有很多批评家在其他因素的基础上对 HGP 提出了许多的批评。这些批评放在一起都强有力地建议，HGP 应该被限制在染色体上特定位置所有已知基因位点的映射和那些已经被发现有某些有益功能的片段的序列中。目前，几乎没有关于盲区 DNA 序列的任何科学理论，而将稀缺的资源投资在它上面是不合理的。萨卡认为，人类和其他的基因组序列随着或者不随着 HGP，最终都会被测序，但是，这样的测序的前进应该有一个正常的步伐，不仅是不应该出现这样资源的投资，而且是要花更多的时间去准备应对 HGP 带来的大家都熟知的社会和伦理问题。[1]

第五，放弃编码的隐喻也许能将生物学从一个有机体或细胞的 DNA 序列的不幸的语言隐喻中释放出来。尽管这个隐喻有很大的声望，但是，在技术层面，语言的隐喻最多是在理解生物学中密码概念的过程中是有帮助的。语言的隐喻充其量只是有助于理解生物学的编码概念。萨卡认为，真核生物的复杂性表明，编码的使用仅仅是被限制在从 DNA 到生物组织的翻译过程中。给定一个 DNA 序列，只是为了读出其氨基酸序列就需要知道：是否有非标准的密码被使用；使用的是什么阅读框；所有的基因的非基因以及内含子—外显子的边界要清楚；发生了哪一类的 RNA 编辑。即使是在隐喻层面，将这些复杂性看成一个语言的问题都是不可能的。毕竟，自然语言不会包含大段的无意义符号，然后偶尔插入一些有意义的符号位。当然，即便是有了氨基酸序列，生物学也才刚刚开始，之后，我们会面临高层次的组织的问题。在缺乏对蛋白质折叠问题的解决的时候，如果真的从 DNA"文本"开始，对这个问题的解决几乎是没有前景的。无论在什么情况下，分子生物学的信息图景的贫乏，都特别需要提醒——DNA 终归到底是一个分子而不是一种语言。[2]

第三节　基因是否具有信息

信息的语义概念是生物学中最重要，也是最有争议的概念之一。正如许多生物学家和哲学家指出的那样，信息不仅是 20 世纪生物学中的一个

---

[1] Holtzman N. Proceed with caution. Baltimore：The Johns Hopkins University Press，1989：32.
[2] Sarkar S. Decoding "coding"：Information and DNA. BioScience，1996，46（11）：857-864.

核心概念，而且可能依旧贯穿于 21 世纪。但是，有关信息 ①术语的意义却很少被定义。

2000 年 6 月，梅纳德·史密斯在其《生物学中的信息概念》一文中，用进化的方式对信息的讨论，重新引发了生物学中对信息概念分析的热潮。他在摘要中如此描述生物学中的信息概念及该概念使用的情形：

在分子生物学和发育生物学中对信息概念的使用是非常普遍的，这种情形最初可以追溯到魏斯曼。在蛋白质合成及生物的发育中，基因都是作为一种符号，因为在基因序列及它们的效应之间并没有必然的连接。根据自然选择，一个基因所产生的效应决定了它的序列。在生物学中，信息语义的使用蕴含意向性，因为基因序列及对基因序列的反应都是通过进化而来的。在工程师看到是设计的地方，生物学家看到的是自然选择。②

从上面的叙述中我们可以看出，对于梅纳德·史密斯而言，生物学中信息的概念是与传递信息信号的观念紧密联系在一起的（如 DNA），自然选择的产物回应于信息。在生物学中，生物学家同样也都是这样用的。"信息""符号""转译""翻译""校对""编辑""信息携带者""信息接收者"等一系列专业概念在生物学中的使用，都表明生物学家普遍认为基因作为 DNA 上的一个有效片段是调控其他基因、合成功能性蛋白质及实现生物个体特征的重要部分。生物学家也普遍将基因视为生命特征发展的指令或蓝图，记载并储存着胚胎形成及胚胎形成之后生物个体特征的发育信息。③

如果说基因作为一种语言或者基因承载了一种语言，那么它也是一种非常特别的语言。就像豪泽（Hauser）、乔姆斯基（Chomsky）及费奇（Fitch）等人所说的那样：

如果一个火星人来到我们的地球上，那么他一定会对地球上

---

① 生物学家在不同的语境中以不同的意思使用"信息"一词，但生物学哲学家一般关注的是有关"遗传"和"发育"的信息概念，在这里也是这样。
② Smith J M. The concept of information in biology. Philosophy of Science，2000，67：2，177.
③ Kay L E. Who Wrote the Book of Life：A History of the Genetic Code. Palo Alto：Stanford University Press，2000：15.

各种生物之间所具有的一个明显的相似性和一个关键的差异性而感到惊奇。在关于相似性的方面，他会发现所有的生物都是以一些非常稳定的发展系统作为基础而设计出来的，并且在所有的这些发展系统中都可以一种在 DNA 配对中记载的普遍语言。正是因为这样，生命具有一个以分明的、不可混同的单位——密码子，所构成的基础。这些单位可以相互组合从而创造出逐渐复杂并且具有无限多种可能的多样性的物种及个别的生物体。相对的，他会注意到生物之间也缺乏一个普遍的沟通符码。[①]

换句话说，世界上所有生物的不同特征都是由共同的语言基础——遗传密码——决定的。再也没有比我们的 DNA 序列"所提供的信息来的更基本、更根本的信息了"，而 DNA 序列是"身体最基本的性质"。[②]

但是信息的概念在生物学中的使用是否具有充分的理论依据？一些科学哲学家始终对这个问题保持着谨慎的态度。

目前为止，几乎没有人反对基因是遗传的主要传递者、基因是细胞结构及其功能的必要基础，它在生物的生化过程中有不可替代的作用，绝大多数的生物特征最终都与基因有关，甚或是以基因为源起。但是，同样也不会有人反对，几乎所有的个体特征都是由基因与环境因素共同作用的结果。例如，细胞结构、眼珠颜色、情绪、精神分裂、智力、血型、行为模式、攻击性、性取向、犯罪、服从权威性与道德性等，都是基因与环境两种因素以不可分割的方式互动后的结果。大家普遍都接受一种"互动规范"：生物特征变元是基因类型变元和环境变元的一个函数，而且生物特征变元对环境变元有所反应。[③]

$$y_{生物特征} = f(基因类型, 环境因素)$$

环境因素不仅可以通过影响 DNA 对蛋白质的合成产生影响。例如，

[①] Hauser M D, Chomsky N, Fitch W T. The faculty of language: What is it, who has it, and how did it evolve? Science, 2002, 298: 5598, 1569-1579.

[②] 林从一. 阅读生命之书的信息. 欧美研究, 2007, 37 (1): 111-181.

[③] Benson M J. Beyond the reaction range concept: A develop-mental, contextual, and situational model of the heredity-environment interplay. Human Relations, 1992, 45 (9): 937-956.

在亲代的 DNA 双螺旋分解、单一的核苷酸序列形成以及之后的编辑与校对的过程中，蛋白质的作用都是不可替代的，"DNA 并没有自我复制"[1]，同时体外的环境也可以通过生物转换器来影响体内的化学环境，进而影响细胞及 DNA 的活动。而且，环境因素就算不通过影响 DNA 对蛋白质的合成进行影响，也会对生物的特征产生影响。例如，对幼小的河马进行社会隔离，长大后它们便不会表现出应有的性行为；日本猕猴偶然发现用清水洗过地瓜后更可口，这个发现便以教导的方式传递给年轻猕猴；一些寄生生物的寄生行为发生错误时会通过宿主铭记的行为传递给它们的后代。即便如此，基因还是被认为对生物特征的形成做出了一些环境因素无法做出的特殊贡献。甚至有人更加明确地界定出基因拥有生物特征的信息，而环境因素并不具有。

信息可以粗略地分为因果信息和意向性信息。我们发现，争论的双方都同意，如果信息的概念可以用来描述基因的特殊性，那么基因必须是一种意向性信息，而非因果信息。或者说，基因是一种带有意向性信息的诱因，而环境因素只是化学法则和物理法则所描述的对象。

其中，因果性信息的概念来自通信的数学理论。数学的信息理论只研究一个物理系统中的信息量。一个系统中的信息量，大致地可以理解为这个系统中秩序的数量，或者是它在全封闭的物理系统中随时间而累积的逆熵。这个描述没有包含任何的信息内容。与信息内容相关的是一个因果概念。在一个因果概念中，信息流跨越了连接两个系统的通道，其中的一个系统被称为接收者，它包含了信息，另一个系统被称为发送者，它是一个关于信息的系统。当其中一个系统的状态和另一个系统有系统性的因果关系时，两个系统之间就会形成一个通道，从而通过观察接收者的状态，就可以了解发送者的状态。一个信号的因果信息的内容仅仅只是事务的状态，通过信息的内容使得事务的状态可以和通道的另一端相关联。或者说，当且仅当符号 X 与 Y 类对象具有可靠的连接关系，并且这个可靠的

---

[1] Jablonka E, Lamb M J. Evolution in Four Dimensions: Genetic, Epigenetic, Behavioral, and Symbolic Variation in the History of Life. Cambridge: MIT Press, 2005: 49.

连接关系是由物理或化学法则及环境条件决定时，那么我们说符号 X 带有 Y 的因果关系。

德雷斯克（Fred Dretske）将这些环境条件称为通道条件（channel condition）。[①]当上面的这个双条件句成立时，我们就说 Y 是符号 X 的内容。在哲学上，我们将这些符号称为自然符号。例如，当我们说乌云标志着下雨，乌云是关于下雨的一个自然符号时，那么下雨就是乌云这个自然符号的内容。但是，用自然符号去描述基因信息会遇到一个十分重要的问题。这个问题就是，如果我们说一个基因是某一生物特征的自然符号，也就是说，该生物特征就是这个基因的信息内容，但是，环境因素也同样具有这样的信息，任何与某一生物特征具有可靠连接的环境因素都具有以该生物特征为内容的信息。例如，巢的温度带有鳄鱼性别的信息，孕妇营养不良带有胎儿体重过轻的信息。这样一来，其实所有的自然界的东西都具有因果信息。因此，除非能够对基因的信息做出进一步的刻画，否则，它与其他的环境因素就没有太多的区别。这样的概念对于我们去描述基因是有别于其他环境因素的因果特异性是没有什么特别的用途的。

意向性信息又称为语义信息，[②]这类信息最典型的承载物是人类的思想和语言。

将基因与信息系统进行类比是论证基因具有意向性信息最常见的一种论据。如果将基因与信息系统进行类比，基因包含信息理论所谈论的信息系统的许多特性，我们有相当强的理由相信基因带有意向性信息。比如，DNA 上的碱基序列作为信号源，在一定的管道条件下，以遗传密码的形式将信号复制给 RNA，RNA 经过一些修饰后变为 mRNA，mRNA 将 DNA 的信号从细胞核中带到细胞质中，mRNA 与核糖体结合将 DNA 的信息翻译成氨基酸序列的合成，不同的氨基酸又构成不同类型的蛋白质。就像摩斯密码的翻译过程一样。梅纳德·史密斯曾通过图 4.1 对它们进行

---

① Dretske F. Knowledge and the Flow of Information. Cambridge：MIT Press，1981.
② Smith P G. Genes and codes：Lessons from the philosophy of mind?//Hardcastle V G. Biology Meets Psychology：Constraints，Conjectures，Connections. Cambridge：MIT Press，1999：305-331.

类比。

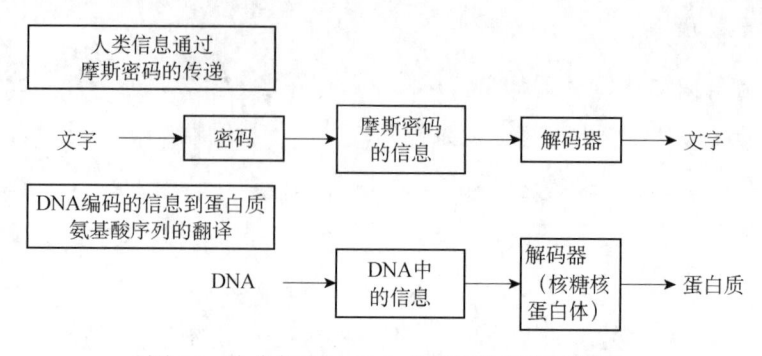

图 4.1 人类信息与 DNA 编码信息翻译对比图

电报机传递信息的整个过程是这样的，它从文字转译到特定的符号，在一定的管道条件下，这些符号被不同的物质以相同的语法不断地复制，然后再通过解码器转译成文字。可以看出，除了将文字转译到特定的符号部分之外，两个过程其他部分的结构是十分类似的。其中，电报机传递的是人类用来表达意思的文字，因此，它的符号一定是具有意义的。但是，基因是否具有语义及它们是如何获得语义的，这些都需要去讨论。原则上所有的事物都可以用来传递信息。梅纳德·史密斯就曾指出纸上的痕迹、声波、电磁波等都可以被用来传递意向性信息，那么化学分子为什么不可以呢？[1]

我们暂且不去讨论基因所具有的信息是否是意向性信息，通过分析可以发现，即便是基因的信息系统完全是信息理论中所描述的信息系统，它所传递的信息也仅仅只是因果信息。因为，任何的信息系统，在除去语义的成分之后，剩下的都只是语法和语法间的转换过程，而这些过程都仅仅只是物质间可靠的、因果的过程。这个信息传递的过程也只不过是一个信号源加上管道条件到信号产生的复杂因果过程。同样，如果信息理论中所谓的信息指的是，由一组管道条件创造出来的信号对信号源的系统性的依凭性，那么根据定义，这个依凭性一定是可靠的，这样一来这里信息的

---

[1] Smith J M. The concept of information in biology. Philosophy of Science, 2000, 67: 183-184.

概念便是因果信息概念。总而言之，在缺乏一个基因语义性质的说明下，至多只能支持基因具有因果信息这个没有争议的想法，但尚不能支持基因系统具有意向性信息的想法。

也就是说，在信息理论中，信息指的是信号对信号源系统的因果依凭性，而这种依凭性是通过一组管道条件所创造出来的。一旦管道条件被固定住，所有能够影响信号产生的因素都可以被看作信号源，从而被看作带有关于信号的信息，这样的话，基因就只是众多信号源的种类之一。

当然，除了与信息系统进行类比之外，许多学者还从很多方面试图论证基因具有意向性信息，如通过信息的遗传性、特殊的可演化性、语境的不相关性等。但是，同样也有许多学者对这些论证进行了批判。例如，林从一在《阅读生命之书的信息》一文中就对以上几个方面论据的既有批判进行了概括，并从生物学和语言学的角度提出了独特的批判。[1]

因此，有人认为应该定义一个普遍的信息语义概念："当一个接收系统对一个源——一个实体或者是一个过程——有特定方式的反应时，我们就说这个源拥有信息。接收者对于这个源的反应，必须是通过一种功能的方式实际的或者潜在的改变了接收者的状态。此外，源的形式的变化与接收者对应的改变之间必须有一种一致的关系。"[2]根据这个定义我们可以得到，基因没有理论上信息的特权地位，它只是作用于生物发育信息源的一种类型。就像布满乌云的天空，作为一种周期性的环境客体，可以使接收者通过改变内部的状态产生一种适应性的反应。

但是，这样一来信息概念就只具有一种思辨上的意义，而失去了其对具体实验研究的指导作用。显然，对信息语义性质的不同解释，就会带来其概念在进化心理学、社会生物学中方法论运用上的不确定性。忽略了信息使用的经验事实就会引发其在概念上的争议，混淆了信息概念的语义性质又会带来其在经验证据解释和研究过程中的争议。

---

[1] 林从一. 阅读生命之书的信息. 欧美研究，2007, 37（1）: 111-181.

[2] Jablonka E. Information: Its interpretation, its inheritance, and its sharing. Philosophy of Science, 2002, 69（4）: 578-605.

那么，如何在保障信息使用经验事实的基础上，又能避免信息概念语义性质的混淆？语境的研究纲领为这个问题的消解提供了一个平台。我们认为，只有在语境的基底上对生物学中的信息概念进行分析，才能实现其特定语境下的确切语义。同时，也只有在语境的基底上对生物学中的信息概念进行分析，才能避免其在经验事实与概念争议之间两难选择的困境。

第四节　生物学中信息概念的语境论解释与语义性质

20世纪分子生物学的迅速发展，使得原有的生物学理论不断面临着挑战。从DNA概念的提出到对生物体基因组的复杂性研究，再到进化心理学和社会生物学，信息概念的语义在不断地发生着变化。对信息概念的语义现象，必须要在一个统一的语义结构和语义模型中语境化地进行理解，如果对信息概念的语义分析脱离了其概念的语境背景，那么它的各种语义现象就是割裂的、不完整的和意义缺失的。

一、信息概念的语境论解释

DNA概念的提出，标志着分子生物学由以前的分析语境进入了新的解释语境。四种不同的脱氧核糖核苷酸组成了DNA双链。生物学家用A、T、C、G四种符号表示核苷酸上的四种碱基。在任意一段的DNA双链中，碱基A、T、C、G总是以互补的形式配对。四种碱基以不同的形式排列，形成了脱氧核糖核苷酸序列的多样性。DNA在细胞核内以碱基互补的原则将自己的脱氧核糖核苷酸序列转录给mRNA，mRNA又在细胞质中以遗传密码的原则将DNA的脱氧核糖核苷酸序列翻译给蛋白质的氨基酸多肽链。对于DNA分子，在这样的过程中，确实是由分子模板以指令制定的方式决定了它们的产物。之前合成的分子制定了化学相互作用的种类和秩序，这个化学相互作用又决定了产物组成的种类和线性顺序。所以，描述模板的特性是合法的，基因作为信息就这样决定了其产物。

因此，在 DNA 分子层面，基因本身就具有意义，信息指涉的实体是脱氧核糖核苷酸序列，信息的本质是被还原到了化学和物理的层面。DNA 作为模板，以指导合成的方式决定了它的产物。在这个层面上遗传信息的内容是伴随着模板的性质而确定的，模板的性质通过制定指令的方式决定了其产物。就像一些标准的发育生物学教材中所说的："发育和新陈代谢所需的遗传信息以密码的形式储存在染色体上的 DNA 核苷酸序列中。"[1]

但是，随着人们对基因结构和功能研究的不断深入，跳跃基因、割裂基因、重叠基因等一系列基因相继被发现。这使得人们单纯地从 DNA 序列去定义基因已经不可能。基因组的概念应运而生。在基因组层面，信息概念的语境边界发生了变化，信息概念语义解释的伸缩度也就发生了变化。此时，基因只有在基因组的语境下，以一个整体的语境系统的形式才具有意义。单个的基因本身便不再具有意义。信息指涉的实体也不再单纯的是脱氧核糖核苷酸序列，而是包含了整个基因组的语境系统。从语境论的角度讲，在基因组的层面，单个的基因与特定的语境因素结合成一个整体的基因组时才会产生意义，意义承载的单位成为整个基因组，而不再是单个基因。信息指涉的实体是整个基因组的语境系统。然而，基因组的概念是一种整体主义的探讨形式。对基因组整体结构和功能的研究，并不能取代生物学中对单个基因片段结构和功能的研究。当研究或谈论对象为单个基因片段的结构和功能时，便要对信息概念的理解进行语义下降。

正如前文所言，环境因素不仅可以通过影响 DNA 对蛋白质的合成产生影响，还可以直接对生物的特征产生影响。此时，又要通过语义上升的方法对信息概念的语义解释上升到个体和群体的层面。在此层面，信息的

---

[1] 转引自 Smith P G. On the theoretical role of "genetic coding". Philosophy of Science, 2000, 67: 26.

概念已经超越了最初蛋白质合成的理论框架，还包含了许多对生物过程其他阶段的描述。在这个语境下，信息不仅可以通过基因遗传，通过细胞和组织水平的表观处理，还可以通过非象征性及象征性的社会学习遗传。信息概念的语义也就同样不能被局限在基因或基因组的理论框架中。基因就不再具有理论上信息的特权地位，信息指涉的实体就变为能够使生物体产生特定方式反应的基因和环境因素。

信息概念的表达似乎可以在不同的语境下被不同地使用，而不同语境下的语境边界对信息概念的语义实现起到了结构性的约束作用，即信息概念不同语义值只有在特定的语境边界下才能合理地实现，不能超越其特定的语境边界。例如，在单个的基因层面，信息指涉的实体是脱氧核糖核苷酸序列，它决定了蛋白质氨基酸链的合成。在个体和群体的层面，由于其理论框架的改变，就需要通过语义上升的方法，实现其新的语义值。否则就必然会不合时宜地得到基因决定论的结论。换句话说，信息概念的语用过程是在特定的语境边界下，通过语境信息的表达而实现的。这样"语境的功能就使语用推理的相应原则得以实现，这个原则就是一方面将理论解释的效果最大化，另一方面使推理的复杂性最小化，从而达到最佳的语用效果"[①]。信息概念的语义分析就这样与其语形、语用分析统一在一个确定的语境结构之中，从而在一个完整的语境平台上，实现了其语义概念的语境论解释。在这里需要强调的是，信息概念的不同语义值是由不同语境下的语境边界所限定的。不同语境的语境边界是有条件的，是可以发生变化的，但绝对不是一种相对主义的。不同语境边界的变化，并不是任意的，而是伴随着生物学纵向理论和横向理论的发展，存在着一种客观的必然性。而信息概念就是在这种客观的必然性中，通过不断地语义上升和下降的方式，实现了其在不同语境下的语义值。具体分析如图 4.2 所示。

---

① 转引自郭贵春. 语义分析方法与科学实在论的进步. 中国社会科学，2008，5：54-64.

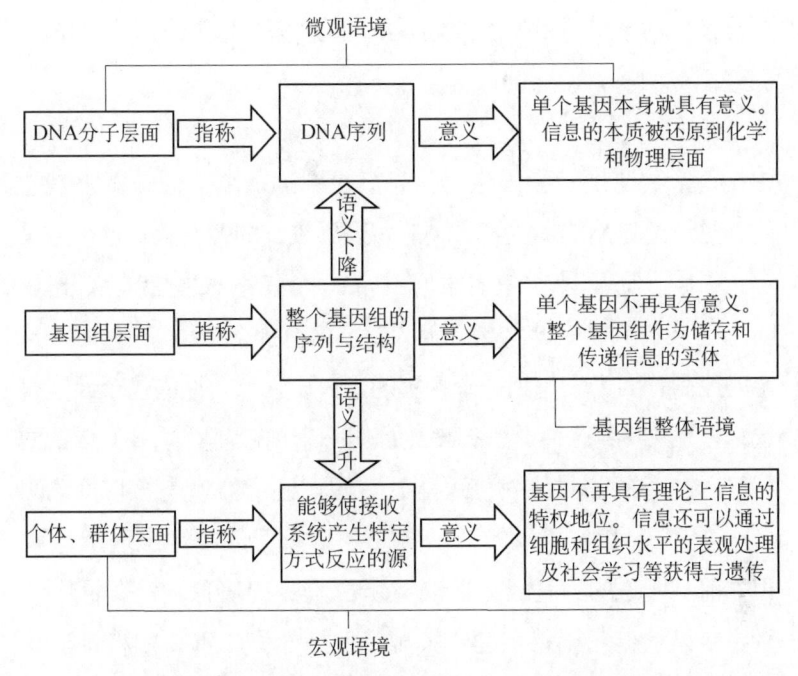

```
                          微观语境
  ┌─────────┐      ┌──────────┐       ┌──────────────┐
  │DNA分子层面│─指称→│ DNA序列  │─意义→│单个基因本身就具有意义。│
  └─────────┘      └──────────┘       │信息的本质被还原到化学│
                        ↑↓            │和物理层面        │
                       语义           └──────────────┘
                       下降
                       
  ┌─────────┐      ┌──────────┐       ┌──────────────┐
  │基因组层面 │─指称→│整个基因组的│─意义→│单个基因不再具有意义。│
  └─────────┘      │序列与结构 │       │整个基因组作为储存和│
                   └──────────┘       │传递信息的实体    │
                       ↑↓            └──────────────┘
                      语义              ─── 基因组整体语境
                      上升
                      
  ┌─────────┐      ┌──────────┐       ┌──────────────┐
  │个体、群体层面│─指称→│能够使接收 │─意义→│基因不再具有理论上信息的│
  └─────────┘      │系统产生特定│       │特权地位。信息还可以通过│
                   │方式反应的源│       │细胞和组织水平的表观处理│
                   └──────────┘       │及社会学习等获得与遗传 │
                                      └──────────────┘
                          宏观语境
```

图 4.2　生物学中信息概念语义分析的语境论解释

可以看出，在语境论的平台上，生物学中信息概念语义的实现是完整的、立体的。我们不刻意地强调基因是否具有信息，也不刻意地追求在语言学的层面对生物学中信息的概念进行规范和整理。在研究过程中面对变与不变的解释困境时，总是"自觉地选择把什么当成是真的，把什么当成是构建的"。①而实现这种"自觉选择"的方法便是语义上升和语义下降。

二、信息概念的语义特征

如上所述，生物学中信息概念的表达可以在不同的语境下被不同地使用；语境论的解释为生物学中信息概念争论的消解提供了一个途径。然而，对生物学中信息概念辩护的另一个必要条件是对其语义特征进行解释。而令人满意的遗传信息的语义特征必然要包含：信息的实体在广泛的意义上是意向性的；信息的概念必然要包含误解和错误的可能性；信息传

---

① 成素梅. 科学知识社会学的宣言：与哈里·柯林斯的访谈录. 哲学动态, 2005, 10: 51-56.

递的不可逆性并不是遗传信息处理系统的必然特征，以及信息的信号是无偿的。

1. 意向性

梅纳德·史密斯曾指出生物信息最重要的一个特征是，它是"被设计"的，是通过自然选择或者人类的智慧所设计的，并且在这个意义上是"意向性"的。他表示，"在生物学中，一个陈述 A 携带有关于 B 的信息，暗示了 A 有它特定的结构，因为它携带有那个信息。一个 DNA 分子有特定的序列，因为它特指一个特定的蛋白质。意向性的这个元素来自于自然选择"[1]。按照这种说法，A 被看作一个携带有关于 B（蛋白质，一个性状等）信息的信号，我们可能就会假设这个信息是给有机体的。在 DNA 分子层面，我们可以按照"指令性信息"的内容来理解这种意向性。正如前文所说的，基因 A 携带有蛋白质 B 的信息，就表明基因 A 作为一种指令以遗传密码特定的方式规范地指导蛋白质 B 的特定运作，以进一步形成特定的生物特征。其中 A 作为指令的下达者，B 作为指令的接受者。从这个意义上讲，遗传信息是规范的，是有意向性的。但是，基因 A 是不是能够作为包含关于行为或者心理特征的意向性信息，这又是一个十分有争议的话题。在 DNA 分子层面，越远离基因的生物特征，也就是越需要环境因素合作产生的生物特征，越不适合作为基因信息的指令内容，这一点应该是大家的共识。所以，对于环境或者宏观行为，也就是说对于生物个体或者群体层面，就需要对信息的概念进行语义上升。在这种情况下，基因 A 就不再作为一种"指令性信息"。可以认为 B 是被设计成以特定的方式去解释 A，而 A 是携带有关于 B 或者关于 B 的环境的信息。此时，A 被看作一个信息的输入，它可以是一个信号，也可以不是，B 是解释这个输入的接收者。信号携带着关于发送者的以及传递给接受者的信息。从这个意义上讲，有生命的系统 B 可以使一个源 A 成为一个信息输入，越复杂的有机体能构建的信息也越多。同样，信息可以被认为是

---

[1] Smith J M. The concept of information in biology. Philosophy of Science, 2000, 67: 177-194.

具有"意向性"的。

2. 误解或错误的可能性

偶然的误解或错误的概念往往是和解释联系在一起的。在遗传信息的语义概念中，信息的地位取决于解释系统。这一点应该是可以明确的。我们可以做这样一个假设：在古老的原始细胞中，DNA 不是作为遗传信息，而只是作为一种能量被线性储存在其中的聚合物。当需要能量时，DNA 聚合物被破坏。在这种情况下 DNA 聚合物的序列是没有任何意义的。假如，有一个储存能量的 DNA 聚合物通过一次偶然的机会，拥有了蛋白质 α 链的基因编码的精确序列。当然，这个拥有蛋白质 α 链精确序列的 DNA 聚合物对于古老的原始细胞没有特别的意义，因为它没有完整的细胞系统能够以特定的方式解释这个序列。即便是对于原始细胞而言，任何拥有了相同长度以及相同 AT/CG 比的 DNA 序列都是相同的。如果我们无意中将这个无意义的 DNA 序列放入现代细胞的阅读框架中，它就会被一个现代的细胞所解释，哪怕这个 DNA 序列是由 DNA 合成机随机产生的。这就说明，一旦一个信号输入——即使是随机产生的——符合一个解释系统所认识的信息类型，那么它就会被当作一个信息来处理，就会被这个信息系统所解释。尽管这可能会导致非适应性反应。当然，对任何输入解释过程中的错误也都可以导致非适应性反应。

3. 信息传递的不可逆性并不是遗传信息处理系统的必然特征[①]

通常情况下没有从反应到信号的适应性反馈，但也不总是这样。首先不可逆性对于一些非生物的信息源肯定是正确的。例如，植物对日照时间的反应不能影响到日照时间，厨师对食谱的阅读也不会影响食谱。传统的中心法则也从某种意义上说明了没有倒回的翻译，从 DNA 到蛋白质的信息流也是不可逆的。但是对于细胞的反应，如基因调控中的一个改变，通常会对信息链前端发信号的分子有反馈的效果，可以导致那些分子的化学变化。再者，神经信号通常可以被动物的认知或者反应所修改。甚至，对

---

① 这里信息传递的不可逆性是根据梅纳德·史密斯的说法，指信息传递是由信号到反应，而不能从反应倒回到信号。

于遗传系统，在 DNA 序列和其反应之间可能有一个不依靠于反向翻译的适应性反馈的想法都不是牵强的。显然，当对环境的适应性反应反作用于解释系统时，这种适应性反应的方式就相当于解释系统的一个调整的监管机构。在 DNA 遗传系统的情况中，人们知道的基因调控都表明了这样的反馈必须涉及调控 DNA 序列的修改。当然，做出这种适应性反应的能力必须是自然选择的结果。在其他信息传递的系统中，环境因素及它们规律性的变化，借助于进化的接收者系统的特征变为有信息的信号。

4. 信息的信号是无偿的

当信息的信号不是非生物的线索（如日照时间、食谱等），而是由作为交流或翻译系统一部分的有机体产生时，它们是无偿的。因为在它们的形式和功能之间没有必然的联系。这种无偿性是任何生物信号系统自然进化的必然结果：如果进化不同，那么生物体产生的，与适应性反应相联系的信号，也几乎可以肯定是不同的。尽管从一般的意义上讲，所有的进化的信号都是无偿的或者是随意的，但是一些信号的意义与它们的生产成本是相联系的。对于其他类型的信号，如我们的语言，信号的形式和生产成本之间就没有关系。正如拉赫曼（Lachmann）指出的，当接收者可以立刻评估出信号的可靠性，并且能够惩罚不可靠的信号，那么信号就是廉价产生的，它的形式与生产成本之间是无关的。尽管所有的进化的信号是无偿的，但是我们需要限定一个方式，信号的形式和它的生产和维护成本要相关。无偿性也是非生物信息线索的一个特征：布满乌云的天空对于猿是一个可靠的信息，这个事实是依靠于猿的认知系统和大脑的特征，认知系统和大脑都是进化的产物。不同的进化路径就会使得环境的另一个方面替代布满乌云的天空被有机体当作线索，用来提醒它暴风雨即将来临。因此，将环境的特定方面作为信息是没有必要的。从这个角度讲，"信息"是接收者所赋予的。

第五节　基因与非基因系统中信息遗传的特征

对信息概念的语境论解释表明，我们既不能刻意地去强调基因是否是一种具有意向性的信息源，也不能刻意地去追求在语言学的层面对生物学中信息的概念进行规范和整理。而是应该在特定的语境下对其语义进行一种"选择性"的理解与认识。也就是说，我们对生物学中信息的考察应该包括各种类型的信息，而不仅仅是先验性地偏向于对基因信息的讨论。同样，对于信息的遗传而言，信息也不仅仅只是可以通过基因的方式遗传，还可以通过许多不同的方式来遗传，如细胞和组织水平的表观处理、行为遗传、符号遗传等。对于这些非基因的遗传系统而言，每一个都具有自身特定的规律及制约因素。而这些规律与制约因素同 DNA 复制所携带的规律与特性一定是有所不同的。因此，我们也都必须在特定的语境下，根据其自身的条件，对这些不同类型的信息遗传进行特定的理解与认识，而不是一味地强调基因信息的遗传。

按照这种理解，所有的繁殖和遗传的过程都需要信息的反应，只不过是不同类型的信息具有不同类型的遗传系统。或者对于前面提到的广义的信息而言，遗传就意味着一个实体通过一个特定的过程和其他的实体相关。当然，这个特定的过程会导致它的结构会在那个其他的实体中出现。也就是说，遗传的过程中，实体既是一个接收者，又是一个潜在的信息源，当这个实体导致另一个实体内部某些方面的结构重新构建时，信息就被遗传了。信息从一个实体传递到另一个实体的界限，可以用"代"来描述。从这个意义上讲，"代"就不仅可以用来描述遗传学信息的传递，也可以用来刻画文化信息的传输，如老师到学生文化的传输。这样，无论是在遗传学还是在文化的层面上，一个"亲代"所产生的所有"子代"都属于同一代，哪怕是出现了一个较长时间的间歇期，从而使得某些子代比其他的子代更老一些。

尽管这个信息和信息遗传的一般性的概念在讨论进化理论中更宽阔的问题时都是有用的，但是，当它们被具体使用时，这些概念一定都是有限的。在不同的遗传系统中有很多的信息问题都需要去讨论和回答。例如，信息中是否有遗传的变异？如果有，它是"有限的"还是"无限的"，是有极少数变异的可能，还是事实上有无限的变异的可能？[1]遗传的变异是如何发生的，是有产生变异的具体的进化的系统，还是新的变异是由于意外和错误而产生的？遗传信息是由成分到成分复制的，就像DNA那种模块化的复制，还是作为一个整体复制，就像自身催化循环那种整体式的？[2]信息是如何传递的，对于一个特定类型的信息，信息的传递是否有特定的系统？传递对信息功能的效果和传输过程本身是否是灵敏的？潜在的信息形式能否被传递？传递的主要方式是什么，是垂直的还是非垂直的？尽管基因系统的信息遗传是生物学信息遗传中最重要的一种遗传方式，基因系统中的变异可以影响到生物组织和信息的所有层次，但这些问题都说明了基因系统不是生物信息遗传的唯一系统。因此，与此同时，我们不仅需要对基因系统中信息遗传的特征进行讨论，同样也要考虑非基因系统中的信息遗传。

一、基因系统中信息遗传的特征

基因系统中的信息遗传是生物学中信息遗传系统中最常见，也是被讨论最多的一种。它是以DNA的复制为基础的。其中，DNA是由四个不同的单位组成的一个线性分子，核苷酸含有腺嘌呤（A）、胸腺嘧啶（T）、鸟嘌呤（G）、胞嘧啶（C）四种含氮碱基，这些单位可以逐个地改变和复制。梅纳德·史密斯和萨斯玛丽（Szathmary）将这种复制方式称为"模块化"复制。[3]复制机制对四个单位的序列及序列的功能的实用性不敏

---

[1] Smith J M, Szathmary E. The Major Transitions in Evolution. Oxford: W. H. Freeman, 1995: 40.

[2] 参见 Jablonka E, Szathmary E. The evolution of information storage and heredity. Trends in Ecology and Evolution, 1995, 10: 206-211.

[3] Smith J M, Szathmary E. The Major Transitions in Evolution. Oxford: W. H. Freeman, 1995: 46.

感。在产生和传递序列的过程中，改变和复制的模块化性质允许有一个很大的变化。例如，一个由100个核苷酸组成的DNA序列，拥有的变异的可能性比我们银河系中原子的数目还多。因此，对于梅纳德·史密斯和萨斯玛丽使用的信息术语而言，遗传是无限的。对于有性生殖的有机体而言，大部分的遗传变异都是在有性生殖的过程中发生的，都是在配子形成及形成之后不同配子的融合期间，通过染色体分离和染色体重新组合的过程发生的。DNA中新的变异通常来自偶然的突变。这些突变可以是由复制过程中的错误、物理和化学的损害带来的未修复或不能修复的毁坏，以及可移动的遗传因素的活性等产生的。另外，进化的细胞系统能够对特定类别的有压力的环境境况作出有针对性的特性区域的突变。

对于基因遗传系统而言，信息传递过程中的变异在很大程度上是独立于生物体的发育状况的，甚至都允许一些定向的突变。但是，即便是对于基因遗传系统而言，在其内部也有对于哪些是可接受的DNA变异的过滤和识别的标准，所以，有机体对于所有偶然的DNA变化并不仅仅是一个被动的传播媒介。在其内部有一个让人印象深刻的修改系统的指令表，当一些外源DNA被引入到真核细胞中时，这些外源DNA通常都会遇到各种强烈的细胞内的"免疫反应"，尤其是当这些外源DNA在被大量的复制时，经常会被沉默，有时还会被切除和突变。不过，大量的遗传学的变异，在被传递的过程中，似乎并不考虑它的功能性内容。

二、非基因系统中信息遗传的特征

除了基因遗传系统，常见的非基因遗传系统还有表观遗传系统（epigenetic inheritance systems）、行为遗传系统（behavioral inheritance systems）及符号遗传系统（symbolic inheritance system）等。其中表观遗传系统在目前讨论的相对较多。

1. 表观遗传系统

表观遗传系统是以细胞遗传为基础的。在这个遗传系统中，通过细胞功能和结构的变化，实现从一代细胞到下一代细胞的遗传，而是不依赖于

DNA 序列的差异。一个功能细胞的状态可能是通过许多细胞的分化来保存（遗传）的，即便是最初刺激这个状态的刺激物可能已经不再存在。通常要在细胞分化的语境下去考虑细胞遗传。例如，在相同的多细胞体中，大多数的细胞含有相同的 DNA，肝脏细胞分化成更多的肝脏细胞，表皮细胞提供更多的表皮细胞，等等。在每一个世系中，包含在特定细胞状态中的信息，从母细胞传递到子细胞，尽管这个世系都拥有相同的 DNA。然而，表观遗传并不仅限于有机体内的遗传。独立于 DNA 序列变化的细胞状态的改变，既可以在单细胞组织的世代中传递，也可以在多细胞组织的世代间传递，如植物、真菌、哺乳动物等。

　　表观遗传也有各种不同的机制。最常见的表观遗传系统是以自我维持的循环调控回路为基础的。在这个系统中，一个新陈代谢网络的活动状态，是通过网络中特定基因产物的积极反馈来维持的。最简单的一个例子就是一个基因对自身转录的积极调控。在这个例子中，一个基因最初通过与外部的主体的相互作用被打开，之后它产生一个产物，这个产物与基因自身的调控范围相反应，从而诱导它的转录。这样，外部的主体对于基因后续的活动就是不必要的。因此，在相同的环境中，两个遗传性相同的世系，通过不同的诱导过程也可以产生不同遗传的新陈代谢状态。

　　表观遗传的另一种类型是以模板为基础的——以先前存在的三维细胞结构作为新的子代结构产物的模板。这种以模板为基础的遗传很类似于建筑的模板。朊病毒的传递和增殖就是以此为基础的。朊病毒作为一种传染性蛋白质粒子与退化的神经系统疾病相关，如人类的疯牛病、羊痒病和克雅氏病等。在这个遗传系统中，前体的传递是"全部的"，而不是模块的，前体的整个结构或功能状态作为一个整体，从一个细胞中被传递到另一个细胞中。

　　染色体标记也是表观遗传系统中的一种，它是以 DNA 与其他分子相结合的方式的遗传为基础的，如蛋白质、RNA、小的化学基团等。所有的这些都被称为"染色体标记"。标记作为环境诱导的一个结果，是在发育的过程中建立的。一个基因的 DNA 序列的染色体标记可以影响它的翻译的调控，从而影响它的某个特征去如何发育。更为重要的是，这些标记在 DNA 复制时也可以被复制。CG 位点的胞嘧啶碱基就是细胞遗传中染色体标记的一个很好的例子。其中，胞嘧啶碱基可以通过甲基化与一个甲基组相连（Cm），也可以通过脱甲基失去这个甲基（C）。当胞嘧啶和鸟嘌呤相连时，DNA 的两条链上会有一个镜像对称——一条链上出现的是 CG，而互补的链上是 GC；类似的有 CmG 互补于 GCm。同时，DNA 的甲基化模式可以跟着 DNA 的半保留复制而复制，因为，当 DNA CmG 位点的区域进行复制时，旧链还保留着它们的甲基化状态。然而，在新链上互补的 GC 位点是没有甲基化的胞嘧啶，因此，在紧接着的那次复制后，DNA 双链是半甲基化的。但是，酶复合物能够识别这些不对称的位点，并且对其有一种特殊的亲和力，新链上半甲基化的位点会被优先甲基化。而那些对称的非甲基化的位点并不能被酶复合物识别和甲基化，这样最初的甲基化模式就被复制——旧链的甲基化位点最终有一个互补的甲基化位点，而旧链的非甲基化位点最终有一个互补的非甲基化位点。通过这种方式，甲基化的方式和非甲基化的位点在子代分子中也都被复制。其他类型的染色体标记，如 DNA 结合蛋白质的标记，也都会伴随着 DNA 的复制而复制，尽管有一些过程的细节到目前为止还尚不清楚。

还有一种表观遗传的机制，被称为 RNA 介导的基因沉默。这个系统以小的 RNA 分子的沉默效果为基础。这种小的 RNA 分子被称为干扰性小核糖核酸（siRNA），它最初来自大的 RNA 分子的转录。有一定拓扑特性的 RNA 分子被一种酶所识别，这种酶把它剪切成小的 siRNA。然后，在特定的 RNA 复制酶的作用下，这些 siRNA 被多次复制，当细胞分化时它所复制的副本就被传递到子代细胞中。siRNA 也可以在细胞与细胞之间传递，如传染性病原体或化学信号的行为。它们也适用于基因的复制。这样就可以导致一种稳定的染色体标记（通常是甲基化模式）的形成。这个染色体标记可以抑制基因活性，并可以传到下一代的细胞中。

在以上讨论的四种表观遗传的系统中，功能或者结构的变化都可以被传递到下一代的细胞中，但是在这一点上它们也都有不同的特征。第一类的表观遗传系统具有一种特殊类型的网状结构的调控；而第二类有一个特殊结构的组织；第三类是一个特殊类型的染色体标记；第四类是一种特殊的 RNA 拓扑结构。而与这些特殊类型的组织无关的细胞变异并不能被传递给下一代。因此，不像 DNA 变异，传递的总是序列。在表观遗传系统中细胞的一部分功能和结构的状态被潜在地遗传。而且，在信号遗传单位的层次，如一个自我维持的调控回路，一个三维结构，一个染色体标记，一个基因沉默的 RNA 介导，变异遗传状态的数量通常是受限的。一个自我维持的循环通常就是"开"或者"关"；一个特定的朊病毒只有极少的遗传结构；一个给定 DNA 序列的蛋白质标记只有极少的遗传的选择物；一个基因沉默的 RNA 介导要么能被识别、要么不能。相比而言，甲基化系统有一点特殊，因为在一个 CG 含量较多的基因中有很多可能的甲基化模式的遗传，尽管它们中可能只有一小部分会对基因的转录活动产生功能性的差异。但是，无论如何，通常情况下，在个体单位的水平层面，表观遗传系统中的遗传变异都是非常有限的。

2. 生物体水平的进化遗传（developmental legacy）

亲代发育经历的后果和分子产物，有时候可以在子代中重现和再生。例如，植物中，环境诱导的母体效应可以遗传几代；通过共生体的直接传递，或者是通过可以被复制的亲代发育效果的重建，使得共生体和它的宿主体发生多代间的相互作用；在昆虫类的世系中，食物的喜好和宿主的喜好可以被复制；在蒙古沙鼠的世系中，性别行为和性别比例可以被遗传。在所有的这些情况及其他的许多情况中，进化的遗传通过特定情况的特定方式被重现。对于所有的这些不同的进化遗传的传递，没有一个普遍的机制。相反，在这些许多进化的遗传中，只有一小部分在它们的子代中被很快地复制，并且像大多数的细胞表观遗传变异一样，这些遗传变异通常也都是有限的。

3. 行为遗传系统

行为遗传系统导致了有关行为喜好和行为模式的行为信息的重现。一个个体的行为，作为一个信息源，可以改变另一个作为接收者的个体的状态。行为信息的传递和解释是通过社会介导的学习过程。通过一些不同的方式，幼稚的个体可以学习和发展一些那些有经验的个体的行为模式。这种类型的复制依赖于相关社会单位的社会组织，如家庭、大家庭、非亲属团体等，依赖于社会的注意，也依赖于各种类型的社会学习。社会介导学习的机制相当普遍，但是，无论是否是依赖于动物的记忆、学习能力、社会环境、进化行为的特征等，某种特定的行为模式会在其后代中重现。当习性在几代之间规律性地传递时，动物传统就被建立了[①]。

4. 符号遗传系统

符号遗传系统是人类遗传系统中一个特有的遗传系统。借助符号的信息传递允许大量的文化和社会的进化，这一点已经成为一个模型，并被广泛地讨论。以符号为基础的信息传递可以以水平的、垂直的及其他若干种不同的方式发生。这些方式的特征都各有不同。例如，在句子的层面对语言进行组合式的组织，就可以产生和传递大量的语言变异。但是，在一个通过图片来获取并传递信息的符号系统中，就是一种整体的组织，它的各部分之间也更加相互依赖。不像行为遗传系统，符号系统可以传递关于行为的潜在的信息，如通过书面或口头传播的，不采取行动的想法。在这方面，符号遗传系统类似于基因系统，但是这并不意味着通过符号遗传系统的信息的复制对内容是不敏感的。虽然，有时一些机械的复制也可能会发生，如通过复印机的复制，但是通常情况下一个以符号为基础的大的元素的传递对信息的内容都是敏感的，对心理、社会及个体或者团体的文化发展也是敏感的。这样，与基因遗传系统中大多数的新信息不同，新的符号信息是有针对性的，因为它的获取和传递都是由基础认知的一致性规则和范畴所指导的。符号信息，与所有的行为信息相同，也是被构建和编辑

[①] Avital E, Jablonka E. Animal Traditions: Behavioural Inheritance in Evolution. Cambridge: Cambridge University Press, 2000: 198.

的，在其使用之前都会被检测、调整以适应现有的思维和习性。符号信息构建的一个特有特征是具有未来的目标性，在构建的过程中会涉及未来的计划。

以上讨论的几种遗传系统中，信息的复制都是直接的，而事实上，信息也可以被间接传递。例如，通过生态的构建。[①]生物体经常为它们的后代构建一个与它们自身所处环境十分相似的生态环境。它们通过活动对环境进行了改变，它们的后代也就可能会对其构建的环境产生一种适应性的反应和回应。当构建的生态是社会和文化的方面时，生态的构建就成为行为遗传系统和符号遗传系统不可分割的一方面。此时，环境就被解释和改变生物体的行为信息或符号信息所构建，成为一种信息源。

通过对以上各种不同的信息遗传系统的讨论，我们首先会发现，在生物系统中有许多不同的信息处理系统，也有多种不同类型的信息。对于每一个信息遗传系统而言，我们都需要在其自身的语境下对其进行分析和讨论，而不仅仅是在基因遗传系统的语境中。其次，我们要强调的是，尽管在组织的层面上，信息的遗传有可能是有限的，但是在更高的层面上它可以是无限的。例如，对于 DNA 链上的每一个单个位点都只有 4 种变异的可能性，但是一个由 10 个核苷酸组成的 DNA 序列就会有超过 100 万种变化的可能。同样，一个自我维持的调控回路只有 2 种可能的传递状态，但是一个有 20 个独立调控回路的细胞就可能会有超过 100 万种传递的变化状态。再次，大量的遗传变异是有针对性的，有些变异在传递之前也被有机体编辑和修改。由于内部机制，目标和结构的变异滤去了大量的"杂音"，这样，遗传传递的低保真度就不会导致遗传系统中信息传递的瓦解。从而，大量的新的有针对性的和被筛选的变异就会有更高的机会变为是中性的或者是适应性的。最后，存在大量的横向转移的信息。例如，在基因遗传系统中，横向的基因的转移通常是病毒介导的，并且这样的传递不仅可以发生在种群内部，也可以发生在属于不同类型的个体之间；行为

---

① 具体内容参见 Lewontin C R. Gene, organism, and environment//Bendall D S. Evolution: From Molecules to Men. Cambridge: Cambridge University Press, 1983: 273-285.

和思想的模式通常通过遗传的世系横向传递。当然，从病毒和思想的角度来审视复制或遗传的时候，我们也可以认为信息的传递总是垂直的，比如，病毒垂直地引导更多的病毒；思想通过各种综合的媒介、社会学习过程等垂直地蔓延。但是，无论是病毒还是思想都没有独立复制的能力，病毒的复制依靠一个可以解释和复制的细胞系统；思想的蔓延需要依靠建构、传递以及获取它们的个体和团体的认知系统的结构。此外，对于思想，无论是它们的采集还是传递都是发送者和接收者发展学习过程的一部分。然而，在病毒传染和扩散及思想传递和重建的系统中，发送者和接收者这两个部分都参与到这个过程中共同发展。这样，病毒就可以和它的宿主共同发展，思想传递的方式就可以和思想获得的方式共同发展。这样共同发展的一个有趣的结果就是病毒的形式和思想的形式会通过进化而改变。

当然，单纯地去评价以上这些遗传系统中，哪一种信息传递的模型是重要的，哪一种是不重要的，一定不是一件简单的事情。但是，可以明确的是，还有许多关于遗传系统的经验的和理论的工作都还没有完成。而这些各种类型的信息遗传及信息遗传的解释也都在不断地、越来越多地进入大家的视野。同时需要强调的是，一旦一种新的信息类型演变完成时，那么，它就会形成自己的语境，基于它的信息系统的信息进化就与最初基于DNA水平的信息进化相脱离。就像文化层面信息同DNA层面信息的广泛脱离。

表4.1和表4.2概括了生物学中不同信息遗传系统的特征。[1]

表 4.1 遗传系统中不同类型的信息变异

信息系统	遗传变异的类型	信息变异的传递通道	产生适应性变异的进化系统（变异的起源）	变异的范围
基因的	基因序列的变化	基因遗传系统	亲代，但是大多数的变异是盲目的	无限的

---

[1] Jablonka E. Information: Its interpretation, Its inheritance, and its sharing. Philosophy of Science, 2002, 69 (4): 578-605.

续表

信息系统	遗传变异的类型	信息变异的传递通道	产生适应性变异的进化系统（变异的起源）	变异的范围
表观遗传的细胞网络	自我调控网络中功能状态的变化；分子复合物结构的变化；副本的变化；标记的变化	细胞的表观遗传系统：自我维持的循环的调控回路；分子结构的三维模板；染色体标记；RNA 介导的基因沉默	特定的适应性反馈，变异也是盲目的	调控回路：在某个回路的层面上是有限的，在细胞的层面上是无限的；三维结构：在单一的复杂层面是有限的，在细胞的层面是无限的；RNA 转录：在转录的层面是有限的；染色体标记：可能是无限的
生物体内的神经内分泌系统	生理状态的变化	进化遗传的重建	特定的适应性反馈，变异也是盲目的	有限的
独立于学习的生物体之间的交流	生理状态的变化	进化遗传的重建	特定的适应性反馈，变异也是盲目的	有限的
非人类的动物间的社会交流	社会的学习习惯的变化	行为遗传系统	亲代，部分变异是盲目的	在单一的习惯层面上是有限的，在生活方式的层面上可能是无限的
借助于符号的交流（传递）	符号的变化	人类的符号、文化	亲代，变异是受支配的	大多数层面上都是无限的

表 4.2　不同遗传系统的信息复制模式

遗传系统的类型	变异的改变和复制	普遍的特有的复制系统是否存在	是否能传递潜在的信息	传递的方向
基因遗传系统	模块化的	是	是	几乎是垂直方向
表观遗传系统：				
自我调控回路	整体式的	否	否	几乎是垂直方向
结构模板	整体式的	否	否	垂直和水平
RNA 沉默	整体式的	是	有时	垂直和水平
染色质标记	整体和模块化的	是（通过甲基化）	有时	垂直和水平
生物水平的进化遗传	整体式的	否	否	几乎是垂直方向
行为遗传系统	整体式的	否	否	垂直和水平
符号遗传系统	整体和模块化的	是	是	垂直和水平

本章小结

本章先从生物的"特异性"开始，讨论了生物学中信息概念的产生与发展过程中受到的挑战与辩护。当分子生物学的研究对象由原核生物推进到真核生物时，不断的新发现对原有的信息概念提出了许多挑战。虽然，在整个过程中，控制论与信息论都分别对信息的概念提出了辩护，但是，仍然有许多学者对信息的概念持有否定的态度。例如，其中最主要的一名否定者——萨卡就通过以下几点对信息的概念提出了诘问：如果生物"信息"不仅仅是DNA序列，那么一个有机体的其他特征也可以包含信息；如果分子生物学的中心法则被解释为一种普遍的生物法，那么它就是错误的；许多有影响力的关于当代生命起源的讨论都集中在信息的起源，其中信息被简单地解释为核酸序列；现代分子生物学中对DNA序列的强调是不恰当的；放弃编码的隐喻也能将生物学从一个有机体或细胞的DNA序列的不幸的语言隐喻中释放出来等。那么，信息概念在生物学上仅仅只是隐喻式地使用，还是有其理论依据？信息概念地使用对基因研究基本框架的采用是否有本质的影响？基因是否具有信息？我们认为，在对信息概念理解的过程中，既不能刻意追求信息使用的经验事实，也不能过分强调信息概念的语义性质。而是应该在语境论的基底上对特定语境下的信息概念进行确切的语义解释。通过使用语义上升和语义下降的方法去实现不同语境下信息概念的语义值。在研究过程中面对变与不变的解释困境时，我们总是"自觉地选择把什么当成是真的，把什么当成是构建的"。而实现这种"自觉选择"的方法便是语义上升和语义下降。也只有这样才能避免对信息的概念在经验事实与概念争议之间两难选择的困境。最后，本章讨论了生物学中信息概念的几种语义性质及基因与非基因系统中信息遗传的不同特征。

第五章 遗传密码的语义分析

通过第四章的讨论，我们可以发现，"信息"的概念无疑是分子生物学中非常重要的一个概念。在第四章中，我们讨论了分子生物学中信息概念的起源、语义变迁、语义性质以及基因系统与各种非基因系统中信息的语义特征。然而，无论从何种角度对信息的概念去进行解释，或者从哪一方面对信息的概念进行辩护，有一点始终是毫无疑问的，那便是——在分子生物学发展的过程中，是遗传密码的概念正式将信息的概念嵌入到分子生物学中的。不仅如此，无论是对基因概念的理解，还是对中心法则意义的分析，遗传密码的概念都扮演着十分重要的角色。因此，在分子生物学的发展中，遗传密码的概念始终都占据着十分重要的位置。本章从遗传密码的语义溯源开始，详细讨论了遗传密码概念的起源及发展过程中的语义变迁，并且讨论了当代分子生物学中遗传密码的内涵与解释困境。最后，表明了对于当代分子生物学而言，如何正确地理解遗传密码，在某种程度上决定了这一概念在分子生物学中的地位与作用，而语境论的解释平台对不同时期、不同理论背景及不同认识论视野下遗传密码概念的解释提供了一个公共的平台，这对于遗传密码概念的语义实现有着十分重要的哲学意义。

第一节　遗传密码的语义溯源

遗传密码作为分子生物学中的一个核心概念，从最初被提出到最后编码形式的确定，经历了其自身的发展过程。伴随着分子生物学的发展，遗传密码概念的内容在不断地具体化，也在不断地丰富化与纯化。在遗传密码概念整个发展的过程中，概念自身形成与发展的历史过程和人们对其认识的逻辑过程是一个统一的过程。概念的形成与发展作为一种历史过程，是由许多实验材料、思维创新与知识发现等构成的。在这个历史过程中，一代又一代的科学家为目标的实现进行着知识积累的工作。他们中有的或许默默无闻，有的也许做出了重大的突破，让遗传密码概念的发展取得了关键性的进步。然而，与此同时，在整个过程中仔细研究他们面对不同问题时分别是从何种认识论的角度及使用何种逻辑方法逻辑地解决了这些问题，也是十分重要的。因为，遗传密码发展的过程与其认识的逻辑展开的过程是一个统一的过程。遗传密码概念也正是在这种逻辑展开的过程中发生着它的语义变迁。

一、遗传密码概念的提出

DNA 双螺旋结构被确定之后，沃森和克里克就在《DNA 结构的遗传学意义》一文中表明：DNA 中的碱基序列包含特定的遗传信息。[①]也就是说 DNA 中的遗传信息决定了蛋白质的氨基酸序列。在之后的研究中，人们发现 mRNA 作为 DNA 与蛋白质合成之间的信使，是指导蛋白质合成的直接模板。然而，仅由 4 种核苷酸构成的 mRNA 是如何决定由 20 种氨基酸组成的蛋白质，或者说 4 种氨基酸是以何种方式的组合来决定每种氨基酸的？这便是分子生物学中著名的"遗传密码问题"。

想要了解 20 世纪 50 年代左右遗传密码的概念被提出时的分子生物学语境，我们就必须先忘掉目前我们所知道的一切。当然，在整个基因组测序都已经几乎完全清晰，甚至于你都可以通过邮购的方式购买碱基对的今天，这一点是不容易做到的。那么在当时究竟哪些是已知的，哪些又是我们不知道的？1953 年，所有人都还没有看过任何 DNA 分子中的碱基序列。弗雷德里克·桑格（Frederick Sanger）已经完成了对胰岛素的氨基酸序列及一些片段蛋白质序列的工作。但是，这种每个蛋白质在所有分子复制中都有精确定义的想法还没有被普遍接受，甚至是一套组装蛋白质的氨基酸仍然受到争议（虽然当时沃森和克里克很快就在老鹰酒吧写下了规范的 20 种氨基酸的列表）。所有将 DNA 翻译成蛋白质的生化仪器都等待发现，mRNA 及 tRNA 也还不知道。虽然，核糖体在电子显微镜下已经能够

---

① Watson J D, Crick F H. Genetics significance of DNA structure. Nature, 1953, 171: 737.

看到，但是它们的功能还不清楚。

关于 DNA 复制的领域相对比较明了。从沃森和克里克发现 4 个碱基结合在一起——腺嘌呤与胸腺嘧啶、鸟嘌呤与胞嘧啶——的那一刻起，复制的机制似乎是显而易见的：双螺旋的结构打开，然后与原来的每条链形成两条新的互补的双螺旋链。这个过程之所以能够很容易被推测出的原因之一是，复制的机制没有必要考虑被复制的碱基序列的意义，就像任何的复印机都没有必要去了解它所复印文件的内容。

但是，相比之下，翻译却不能避免文本的语义问题。然而，在当时没有人了解一点关于碱基序列解释的线索。即便是最根本的问题仍然是开放的。例如，由于 DNA 是双螺旋结构，你能知道两条链上的信息吗？如果只有一条链携带有信息，你怎么知道它是哪一个？并且，你会朝哪个方向阅读？试图弄懂的基因组的意义就是像被赋予了某种语言的书籍，如此的陌生，以至于你都不能确定是不是应该拿着它的右侧开始阅读。

关于遗传密码概念性的方案，最初是由奥地利物理学家薛定谔在《生命是什么》一书中提出的，他在该书中表明："一个有机体和它经历的全部生物学的有关过程，必须具有极其多的'多原子'结构，必须防止偶然的'单元子'事件起到重大的作用，有机体依这些多原子体系的物理学定律建立它很有规律和很有秩序的功能……然而，遗传学的研究却表明有许多小得不可思议的原子团，它们甚至可以小到不足以显示精确的统计学定律，在生命有机体内对极有秩序和极有规律的事件确实起着支配作用。"[①]进而他在该书中提出了密码论：在高层次和低层次之间不能通过我们已知的那些传统的科学理论进行还原，在它们之间，存在着在我们看来为许许多多的密码关系，只有通过翻译才能成为已经被我们认识了的那些物理化学规律。而在生物学中密码关系的最基本层次是遗传密码，最高的层次就是生物体和精神。并且在该书中他还用摩斯密码对遗传密码进行了类比："微型密码同一个高度复杂而特定的发育计划有着一对一的对应关系，并

---

① 埃尔温·薛定谔. 生命是什么. 罗来欧，罗辽复译. 长沙：湖南科学技术出版社，2005：3.

包含着使密码发生作用的手段""为了把问题讲清楚，就想到了莫尔斯密码。这个密码用点（'.'）、划（'—'）两种符号，如果每一个组合用的符号不超过四个，就可以编成三十种不同的代号。现在如果你在点划之外再加上第三种符号，每一个组合用的符号不超过十个，你就可以编出88572 个不同的'字母'；如果用五种符号，每一个组合用的符号增加到25 个，那编出的字母可以有 37529846191405 个。"①

关于遗传密码的具体设想最初是由美籍俄裔理论物理学家伽莫夫（G. Gamow）所提出的。他使用排列组合的研究方法，发现从 DNA 的 4 种核苷酸中任取 3 种来进行排列组合，（具体的组合方案见下文内容"菱形密码"）一共恰有 20 种组合。而 20 这个数字恰好与氨基酸的基本种类 20 相吻合。正是基于这样的情况，伽莫夫提出了遗传密码的三联体假设。虽然，最后的事实证明伽莫夫采用的排列组合的计算方法是错误的，（正确计算方法应该是 4×4×4，其中包括多个三联体密码对应一个氨基酸），但是，他提出的三联体假设却为之后关于遗传密码的研究提供了方向性的引导。

二、遗传密码发现的逻辑

伽莫夫的菱形密码正式拉开了遗传密码发明的帷幕。

1. 菱形密码和三角密码

分子生物学中，第一次编码方案结构的灵感来自一个意想不到的收获。因为，它的作者既不是生物学家也不是化学家，而是一个物理学家——乔治·伽莫夫。伽莫夫是一位著名的宇宙学家，是宇宙大爆炸理论的主要倡导者。最初由他提出的遗传密码的编码方案被他称为菱形密码，其中双链 DNA 直接作为合成蛋白质氨基酸的模板。正如伽莫夫所表述的，不同的碱基组合沿着双螺旋的一个凹槽，可以形成不同形状的模腔，适合的氨基酸链就会嵌入其中。每一个模腔会吸引特定氨基酸，当所有的

---

① 埃尔温·薛定谔. 生命是什么. 罗来欧，罗辽复译. 长沙：湖南科学技术出版社，2005：3.

氨基酸沿着沟槽按照正确的顺序排列时，有一种酶就会将它们聚合在一起。[1]

伽莫夫的每个模腔都被一个菱形的 4 个角上的碱基所填充。如果 DNA 螺旋线是垂直的方向，那么菱形的顶部和底部 2 个角上的碱基会在同一条 DNA 链上，被一个单一的介于中间的碱基所分开；菱形的左边和右边的角被定义为相反链上的互补部分，如图 5.1 所示。

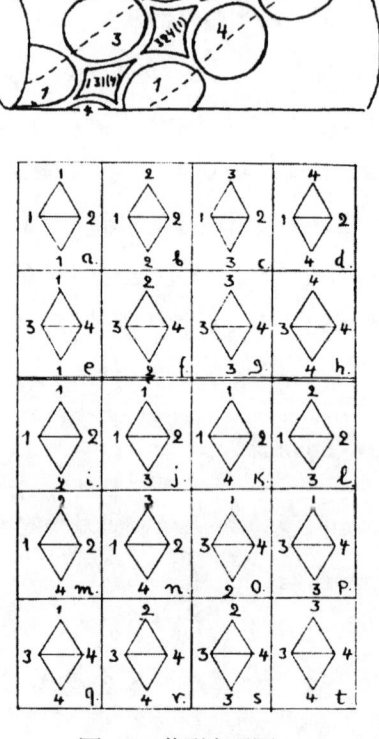

图 5.1　菱形密码图

注：伽莫夫的菱形密码假定蛋白质是由 DNA 模板上直接形成的。在这张 1954 年的图纸中，核苷酸的碱基由指定的数字表示，密码子由指定的字母表示[2]

---

[1] Gamow G. Possible relation between deoxyribonucleic acid and protein structures. Nature, 1954, 173: 318.

[2] 转引自 Hayes B. Computing science: The invention of the genetic code. American Scientist, 86（1）: 8-14.

若干年后，克里克对伽莫夫关于菱形密码的工作是这样评价的："伽莫夫工作的重要性在于它确实是一个抽象的编码理论，不会被很多不必要的化学细节所干扰……"[1]事实上，伽莫夫对菱形密码的描述相比于后面提出的许多密码理论还是有更多的化学混乱。但是，它抽象的概括性及理论性，到目前来看，都依然是一个让人印象深刻的，并且有持久影响力的方案。尤其是，伽莫夫对不匹配字母问题的处理依然是现代教材中遗传密码的起点。

关于字母的问题，简单地说就是蛋白质中的氨基酸有 20 多种，但是 DNA 中的碱基只有 4 种，因此，不能形成任何一种从碱基到氨基酸一对一的映射。如果使用两个碱基去代表每个氨基酸，仍然无法解决问题，因为这样只能形成 16 组密码。因此，遗传密码中信息的碱基单位似乎是不能少于三个一组的碱基组。但是这样便会有 64 组三个一组的碱基组——超过了需要数目的 3 倍。解释这些多余的碱基组就又成为了密码理论家的一个当务之急。

如果去掉所有的化学细节的干扰和伪装，抽象地观察，可以发现伽莫夫的菱形密码其实是一个被掩盖的三联体密码。每个菱形虽然有 4 个角，但是沿着水平对角线的碱基是互补的，所以只是它们其中的一个会携带信息；另一个完全是由 A—T、C—G 的规则决定的。这样，每个密码子，或"密码"，就是由 3 个碱基一字排开组成的。一共会形成 64 种可能的密码子，但是它们并不都是有区别的。伽莫夫指出，大多数的氨基酸链是对称的，因此他推测菱形从一端向另一端或一侧向另一侧翻转时意义不会发生改变。例如，三联体 CAG 从一端翻转到另一端时变为 GAC，然而这两个密码都一定指定相同的氨基酸。CAG 从一侧翻转到另一侧时，中间的 A 变成互补的 T，从而使得 CTG 和 GTC 也成为同一等效密码子组的成员。当把所有的这些对称性都考虑在内时，一共有多少个密码子？伽莫夫

---

[1] Crick F H. The genetic code—yesterday, today and tomorrow//Grassi C, Peona V. The Genetic Code, Proceedings of the XXXI Cold Spring Harbor Symposium on Quantitative Biology. Cold Spring Harbor: Cold Spring Harbor Laboratory of Quantitative Biology, 1966: 3-9.

通过计算发现一共有 20 组，而 20 正是他一直在寻找的一个神奇的数字。[①]所有的密码分类如图 5.2 所示。

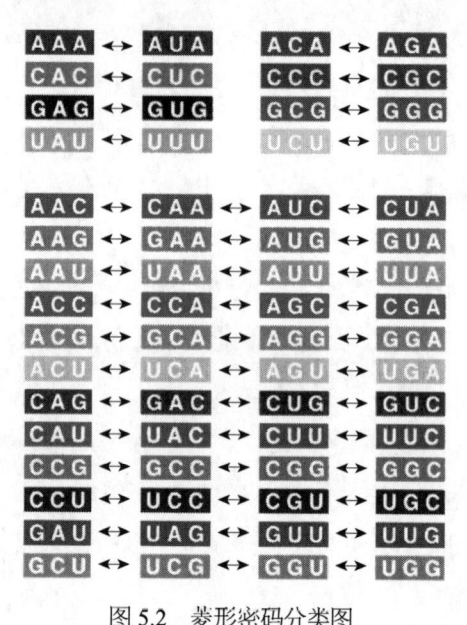

```
AAA ↔ AUA        ACA ↔ AGA
CAC ↔ CUC        CCC ↔ CGC
GAG ↔ GUG        GCG ↔ GGG
UAU ↔ UUU        UCU ↔ UGU

AAC ↔ CAA ↔ AUC ↔ CUA
AAG ↔ GAA ↔ AUG ↔ GUA
AAU ↔ UAA ↔ AUU ↔ UUA
ACC ↔ CCA ↔ AGC ↔ CGA
ACG ↔ GCA ↔ AGG ↔ GGA
ACU ↔ UCA ↔ AGU ↔ UGA
CAG ↔ GAC ↔ CUG ↔ GUC
CAU ↔ UAC ↔ CUU ↔ UUC
CCG ↔ GCC ↔ CGU ↔ UGC
CCU ↔ UCC ↔ CGU ↔ UGC
GAU ↔ UAG ↔ GUU ↔ UUG
GCU ↔ UCG ↔ GGU ↔ UGG
```

图 5.2　菱形密码分类图

注：对称的菱形密码将 64 个密码子分为 20 类，每一类中所有的密码子都指定相同的氨基酸[②]

此外，菱形密码还有一个重要的属性：它是一个重叠的三联体密码。每一个碱基（或许除了每一条链的两端）都同时是 3 个相邻的密码子的成员。例如，GATTACA 的碱基序列就包括 5 个重叠的三联体：GAT、ATT、TTA、TAC 和 ACA。在当时的语境下，重叠的三联体密码似乎是个很好的想法。因为，在当时有一个立体化学方面的理由：蛋白质氨基酸之间的间距与 DNA 碱基之间的间距很类似，因此，当它们的亚基一对一匹配时，这两种聚合物吻合最好。而相互重叠的密码则能够最大限度地提高信息存储密度：尽管任何一个单个的氨基酸都要由 3 个特定的碱基来制定，但是碱基与氨基酸的总比例接近 1∶1。还有一点是因为，重叠可以对氨基酸可能的序列产生一种强制的约束。伽莫夫认为这种约束可能会揭

---

① Gamow G. Possible mathematical relation between deoxyribonucleic acid and proteins. Det Kongelige Danske Videnskabernes Selskab, Biologiste Meddelelser, 1954, 22: 1-13.

② 转引自 Hayes B. Computing science: the invention of the genetic code. American Scientist, 86(1): 8-14.

示密码的本质。然而，就像这个假说所表明的，它们也导致了他的假说被推翻。

在生物学发展过程的一个时期中，生物实验室中出现了许多"携带旅行袋"的物理学家。例如，克里克在其学术生涯开始时，他也是一个学物理的。伽莫夫也是众多物理学家中的一位，同时还受到了分子生物学领域的"热烈欢迎"。或许是因为伽莫夫对生物学的这个方向十分着迷，所有对他的评价都认为他是一个和蔼可亲的家伙。在这种情况下，他很快就和一些杰出的分子生物学家在海洋生物实验室度过了一个夏天。与此同时，他还创办了 RNA 领带俱乐部。这个俱乐部只由 20 个正式成员和 4 个名誉会员构成。其中每个正式成员代表一种氨基酸，每一个名誉会员代表一种碱基。他们每人都戴一个毛制的领带，领带上伴有黄绿相间的螺旋，用以代表自己的身份。这样的组织在今天可能不会成功。但是，在当时它有一个很重要的作用就是交流思想。

由于对伽莫夫的尊重，大家对他的批评都会十分谨慎。当时绝大多数的注意力都被特别地集中在重叠的三联体上。但是，如果在任何的密码中碱基对氨基酸的比例都是 1∶1，那么在长度为 N 的序列中应该只有 4^N 种核苷酸序列，然而却有 20^N 种氨基酸序列。这一点就充分表明了有许多氨基酸的序列不能被任何的碱基序列所编码。这种情况甚至可以在长度为 2 的氨基酸，即二肽的序列中表现。用 20 种氨基酸，有 $20^2=400$ 个二肽的可能，但是两个重叠的三联体密码子只包括 4 个碱基，因此只有 $4^4=256$ 种组合。显然其中就有 144 种二肽不能出现在被重叠密码子编码的情况中。

因此，即便是在 20 世纪 50 年代中期，利用当时仅有的个别有价值的氨基酸序列数据也能够证明菱形密码可以被实验所排除。存在某些氨基酸的复制方式是菱形密码所不能产生的。

之后，伽莫夫又很顽强地提出了"三角密码"。三角密码也可以重叠，但是它有不同的限制。同样，这个密码中 64 种可能的三联体密码也被分为 20 组。之后伽莫夫又用一种更简单的描述提出了另一个重叠的三联体密码。在这个密码中每一个密码子完全是由它的碱基组合定义的,而每个密码子内碱基的顺序是可以忽略的。例如,ACT、ATC、CAT、CTA、TAC 和 TCA 组成具有相同密码子的组,并且指定相同的氨基酸。需要强调的是,这个方案中密码子组的数量同样也恰好是 20。伽莫夫和他的同事们之后还提出了许多不同的重叠密码的方案。其中,爱德华·泰勒(Edward Teller)提出了一种不同方式的方案。在当时这个方案相当时髦,他认为每一个氨基酸是由 DNA 中的两个碱基及以前的氨基酸指定。方式的突变是疑问的来源之一。对于相互重叠的密码而言,改变 DNA 中单一的碱基可以改变三个相邻的氨基酸。[1]但是,实验数据显示,当单一的碱基发生变化时蛋白质中序列同样只有单一的氨基酸发生替代。接着从实验室中传来了更加确切的消息。悉尼·布伦纳(Sydney Brenner)分析了所有已知的蛋白质序列片段,并且发现足够的最近邻的相关性,从而排除每一个可能的重叠密码。[2]

通过分析我们可以发现,重叠密码在遗传密码的理论发展过程中起到了很强的误导性。但是,在当时这种方案确实有很强的理论支撑。例如,当时都一致地认为:蛋白质的尺寸与模板的尺寸相互匹配是十分重要的;编码效率也是十分重要的;自然选择被期许为以最大限度地提高存储密度,并避免任何信息容量的浪费,就像设计师在设计电脑时一定会尽可能大地扩大电脑的内存,自然选择也一定是这样。在没有实验事实的语境下,没有人能够会想到,自然根本就没有"关注"储存效率,在基因组的空区中存在很多的"垃圾基因"。除了在个别的超紧凑型病毒中,存储效率似乎不是一个问题。再一个,避免移码问题也是一个支撑重叠密码的原因。

无逗点密码的出现为我们对这个问题本质的理解提供了帮助。有许多人将其称为 20 世纪科学思想中最漂亮的错误想法。[3]

---

[1] Hayes B. Computing science: The invention of the genetic code. American Scientist, 86 (1): 8-14.
[2] Brenner S. On the impossibility of all overlapping triplet codes in information transfer from nucleic acid to proteins. Proceedings of the National Academy of Sciences of the U. S. A. 1957, 43: 687-694.
[3] Crick F. What Mad Pursuit: A Personal View of Scientific Discovery. New York: Basic Books, 1988: 23.

2. 无逗点密码

20世纪50年代以后，有越来越多的想法支持信使RNA，一种单链分子，作为DNA和蛋白质合成之间的中间体。在同一时期，克里克也正在构想"连接物假说"的理念，他认为氨基酸不能直接与信使RNA相互作用，而是要与一些小分子结合才能识别特定的密码子。（当然，现在我们已经知道这个连接分子就是转运RNA）同时，密码子被认为是不相重叠的三联体碱基。

克里克将基因表达的过程想象为：首先，适当的DNA片段被转录成信使RNA，这个过程就像复制一样，并且它是一种盲目复制，并不考虑序列的含义；然后，信使RNA在细胞质中伸出其很长的密码子排列，就像母猪暴露的乳头一样，每一个连接物分子都与正确的氨基酸相结合，它们在周围不断地试触，直到锁定正确的密码子；之后，当所有的密码子被占用后，氨基酸被连接在一起；最后，完全合成的蛋白质与模板相剥离。[①]

这个方案在当时已经显得非常合理。甚至，现在我们回过头再去看这个假设，它依然像是活的有机体所进行的一类化学活动。大概就像酶和底物的反应，或者类似于抗体对抗原的结合一样，信使RNA上的连接物将不连续的相互匹配排成一行相继结合。然而，这种像小猪去吮吸RNA的观点存在一个严重的问题，那就是某些小猪可能会落在各个乳头之间。

假设某处信使RNA的部分序列为……UGUCGUAAG，预期读出的密码子应该是……UGU、CGU、AAG……，但是RNA分子并没有空格或逗号来表示密码子的边界。这样，这个序列同样也可以被解读为……UG、UCG、UAA、G……或……U、GUC、GUA、AG……，这些不同的读法会产生不同的意义。而且，在这种类似哺乳小猪的蛋白质合成模型中，与信使RNA连接的连接物分子在不同的读码框架中可能会相互干扰，并且阻止所有蛋白质的合成。

---

① Crick F, Griffith J S, Orgel L E. Codes without commas. Proceedings of the National Academy of Sciences of the U. S. A., 1957, 43: 416-421.

在重叠的密码子中就不会出现移码问题，因为，所有的三联体读码框都是同时有效的。然而，如果有了连续的密码子，翻译的装置就可以被引导到正确的读码框中。1957年，克里克设计了一个解决方案，这个方案似乎是那样的清晰和明确，而且它似乎也一定是正确的。他认为，连接物分子可能是 64 个密码子的一个子集，而且，只有这个子集是有意义的，其他的三联体都是"无义密码子"。然后，关键是构建一个密码，当任何两个有意义的密码子被相邻放置时，移码重叠的密码子都是无意义的 [1]（图 5.3）。例如，如果 CGU 和 AAG 被认为是密码子，那么 GUA 和 UAA 一定是无意义的，因为它们是出现在连接的 CGUAAG 序列中的。同样，AGC 和 GCG 也被 AAGCGU 序列所排除。如果所有读码框外的三联体都是无意义的，那么信息的读取就只有一种。有这种特性的密码被称为无逗点密码，因为即使是单词没有逗号或空格被放在一起时，它所表述的信息也是清晰的。例如，无空格的 Iamastudent，我们同样也可以了解它所表述的信息。

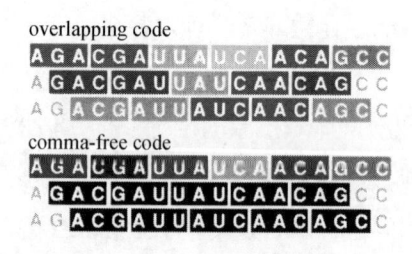

图 5.3　重叠密码图

注：重叠密码中，18 个碱基对按照三联体的形式一共可以形成 16 个密码子。无逗点密码的构造是只有在一个阅读框下的密码子是有意义的，其他的三联体都是无意义的（黑色的部分）[2]

那么这样的密码子是否存在呢？有人做了这样一个尝试，在英语单词中找出所有 3 个字母的单词的集合，然后将它们无逗点地挤在一起，在这个集合中也不能找出另外一个多的实例。为了使问题更加清晰，我们可以

---

[1] Crick F, Griffith J S, Orgel L E. Codes without commas. Proceedings of the National Academy of Sciences of the U. S. A., 1957, 43: 416-421.

[2] 转引自 Hayes B. Computing science: The invention of the genetic code. American Scientist, 86（1）: 8-14.

分析这 10 个单词：ass、ate、eat、sat、sea、see、set、tat、tea、tee。是否存在一个无逗点语言的集合呢？将它们进行反复的排列与组合可以发现，单词 ate、eat 和 tea 不能出现在一起。因为，例如 teatea 就包含了 eat 和 ate。同样，sea 和 tat、tea 或者 tee 放在一起也都能出现 eat。而 ass、sat、see、set、tat、tea 和 tee 这些单词放在一起时则没有冲突。

一个无逗点密码能都包含多少个单词呢？克里克和他在剑桥的同事约翰·格里菲斯（John Griffith）及莱斯利·奥格尔（Leslie Orgel）对 RNA 的情况下进行了简单的分析。他们指出，首先密码子 AAA、CCC、GGG 和 UUU 不能出现在任何无逗点密码中，因为它们和自身结合在一起都不能产生明确的阅读框。剩余的 60 个密码子可以被分成 3 个一组，各组内的密码子都可以循环排序。例如，密码子 AGU、GUA 和 UAG 就可以被分为一组。一个无逗点密码最多可以包含这些排序类型中的一个密码子。一共有多少种呢？将剩余的 60 个密码子分成 3 个一组，正好可以分为 20 组[1]，如图 5.4 所示。

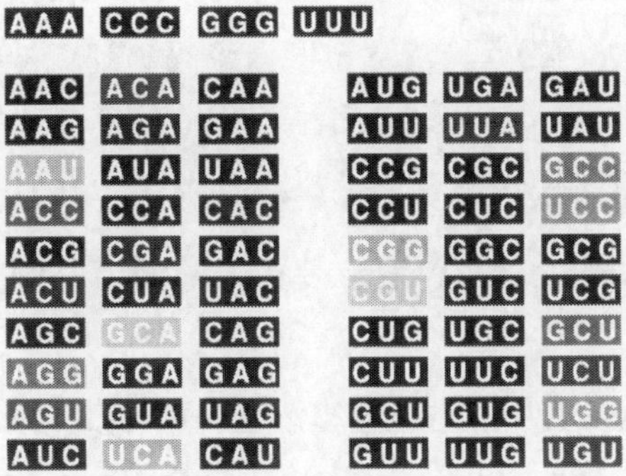

AAA	CCC	GGG	UUU		
AAC	ACA	CAA	AUG	UGA	GAU
AAG	AGA	GAA	AUU	UUA	UAU
AAU	AUA	UAA	CCG	CGC	GCC
ACC	CCA	CAC	CCU	CUC	UCC
ACG	CGA	GAC	CGG	GGC	GCG
ACU	CUA	UAC	CGU	GUC	UCG
AGC	GCA	CAG	CUG	UGC	GCU
AGG	GGA	GAG	CUU	UUC	UCU
AGU	GUA	UAG	GGU	GUG	UGG
AUC	UCA	CAU	GUU	UUG	UGU

图 5.4　无逗点密码图

注：要构建一个无逗点密码，首先要排除三联体 AAA、CCC、GGG 和 UUU，然后将剩余的 60 个三联体按照可循环转换分为 3 个组。每个无逗点密码最多可以包含这些排序类型中的一个密码子[2]

---

① Crick F, Griffith J S, Orgel L E. Codes without commas. Proceedings of the National Academy of Sciences of the U. S. A., 1957, 43: 416-421.

② 转引自 Hayes B. Computing science: The invention of the genetic code. American Scientist, 86（1）: 8-14.

这个分析只是给出了一个无逗点遗传密码最大的可能的集合，但是它并没有证明这个最大的密码事实上是否存在。尽管如此，克里克，格里菲斯和奥格尔构建了几个例子。他们提供了一个密码子可能会如何工作的想法："这个方案允许中间体，在没有设置阻碍的过程时，除了在错误位置上的短暂停留，可以聚积在模板的正确位置上。正是这个特征使得这个方案有一个很明确的优点，中间体不得不与模板上正确的序列一个接一个的结合。"[①]

克里克和他的同事们很快指出，他们没有关于无逗点密码的实验证据。作为一种非重叠的密码，它对氨基酸序列没有约束，虽然，密码对 DNA 和 RNA 序列有强烈的约束，但是在当时并不知道它们的序列。因此，当时没有任何关于无逗点密码的证据。他们写道："我们推断密码子所使用的论据和假设不能使我们有足够的信心认为它是一个纯粹的理论。……我们提出它是因为它以一种整齐的方式给出了一个神奇的数字——20，并且还有合理的物理假设。"[①]然而在当时仅仅凭借这个神奇的数字就足以说服生物学家和广大的公众。后来，生物学哲学家卡尔·沃瑟（Carl Woese）写道："无逗点密码立刻就被接纳，并且几乎被普遍接受……它们成为编码领域的重点，仅仅是因为它们巧妙的推理及数字命理的帮助……在之后为期 5 年的时间中，这一领域大多数的思想都要么是来自它们的无逗点密码，要么是需要与它们相容性的基础来判断。"[②]

巧妙的推理也吸引了编码理论的专业人员，其中最主要的是美国南加利福尼亚大学的所罗门·哥伦布（Solomon W. Golomb）。他和他的同事们，其中包括著名的物理学家、生物学家德尔布吕克，写了几篇关于无逗点密码的文章。他们从编码理论的角度去解决生物问题，而且继续探索了更加抽象和广义的想法。他们很快推导出一个无逗点密码最大尺寸的公

---

① Crick F, Griffith J S, Orgel L E. Codes without commas. Proceedings of the National Academy of Sciences of the U. S. A., 1957, 43: 416-421.

② Woese C R. The Genetic Code: The Molecular Basis for Genetic Expression. New York: Harper and Row, 1967.

式：对于一个有 n 个字母的字母表使其组成 k 个字母的单词，当 k 是一个质数时，有一个形式特别简单的公式：$(n^k-n)/k$。对于 $n=4$ 和 $k=3$（生物学家感兴趣的情况）时，他们发现有 408 个最大无逗点密码，并且给出了构建它们的过程。他们设计了一些更加精巧的相关密码子。例如，他们设计了一个可转换的无逗点密码，以便 DNA 的两条链都具有无逗点的性质。使用三联体，最大的可转换的密码子只有 10 个，但是 4 联体却可以产生 20 个。①哥伦布还发明了一种基于六联体的遗传密码。它不仅有无逗点及可转换的性质，还能够纠正翻译中两个同时存在的错误及检测到第三个错误。②

无逗点密码并不是遗传密码构建过程中的最后一个假设。1959 年，罗伯特·辛斯海默（Robert Sinsheimer）提出了一个方案，其中遗传的字母表只有 2 个字母；A 和 C 被解释为相同的符号，G 和 U 也一样。③这种策略是为了应对当时在各种生物体中（A+U）和（G+C）的比例有很大变化的发现。当然，将密码减少为二进制意味着三联体不能为 20 个氨基酸编码；密码子必须至少是五联体，才能提供多于 20 种的组合——可以提供 32 种组合。

在分子生物学发展的历史过程中，好像没有人提出过由 3 个字母组成的密码子，如将 A 和 U 或 C 和 G 解释为同一种意义。好像也没有人提出过密码子的长度可以改变的方案。这大概是因为，在当时的信息工程中，选择短序列代表高频率符号的想法对压缩信息已经是一个行之有效的技巧。生物学界也都很了解这个原则，从而使得他们都很关注编码的效率，但是，他们也没有去探讨其他的可能性。

直到 1961 年，实验室的工作台上为整个编码的热潮带来了一个短暂且意外的消息。美国国立卫生研究院的马歇尔·尼伦伯格（Marshall W.

---

① Golomb S W, Welch L R, Delbruck M. Construction and properties of comma-free codes. Det Kongelige Danske Videnskabernes Selskab, Biologiske Meddelelser, 1958, 23（9）: 1-34.

② Golomb S W. Efficient coding for the desoxy ribonucleic channel. Proceedings of Symposia in Applied Mathematics, Mathematical Problems in the Biological Sciences, 1962, 14: 87-100.

③ Robert L S. Is the nucleic acid message in a two symbol code? Journal of Molecular Biology, 1959, 1: 218-220.

Nirenberg）和J. 海因里希·马特伊（J. Heinrich Matthaei）宣布人工RNA在无细胞系统中可以促进蛋白质的合成。更重要的是，他们合成的第一个RNA是poly-U，一条重复尿嘧啶单位的长链。[1]在无逗点密码中，UUU是一个无义密码，但是尼伦伯格和马特伊的结果表明它可以编码苯丙氨酸。在之后的一两年时间中还有几个密码子被确定。之后，菲利普·莱德（Philip Leder）和尼伦伯格发现了一个更好的实验方案，到了1965年绝大多数的密码子几乎都被解决。[2]

最终被证实的密码，没有与之前的任何一个理论概念相类似。编码蛋白质的密码子都相继被破译，事实表明20这个神奇的数字最终也没有魔法。也许在生命起源的初期，原始的遗传密码肯定比现代的遗传密码更小、更简单。它可能只包括少数的氨基酸，或者少数几类相似的氨基酸。在其历史的某些点上，密码子可能作为一个纯粹的二联体密码，忽略每个密码子的第三个碱基，并指定不超过16个氨基酸。然后，翻译机制变得更加具有识别能力，更多的几个氨基酸被添加到它的识别范围内。但是，为什么这种分化过程会停止在20种氨基酸上？有很多留下的备用密码子，并且有其他的氨基酸也可以加入到蛋白质中。所以，为什么不进一步扩大密码子？有可能是，从最早的进化阶段开始，密码子对于生命就是一个十分重要的引擎，以至于它是不可改变的。也有可能是密码向着更复杂的方向稳步地进化，而我们正碰巧处在它发现了20个氨基酸的阶段。也许我们的后代将在其蛋白质中发现有60种氨基酸。需要强调的是，20有可能不是一个必须遵守的限制。例如，终止密码子UGA，有时就会编码第21个氨基酸——硒代半胱氨酸。还有一种可能就是，64和20确实是有一些特殊的数字，比如，在氨基酸和密码子的比例接近于1∶3的时

---

[1] Nirenberg M W, Matthaei J H. The dependence of cell-free protein synthesis in *E. coli* upon naturally occurring or synthetic polyribonucleotides. Proceedings of the National Academy of Sciences of the U. S. A., 1961, 47：1588-1602.

[2] Leder P, Nirenberg M. RNA code words and protein synthesis, II. Nucleotide sequence of a valine RNA codeword. Proceedings of the National Academy of Sciences of the U. S. A., 1964, 52：420-427. 具体细节见下文内容。

候，遗传密码的某些性质会是最优的。

但是，无论如何 20 这个数字不再具有其神秘的性质。为了获得编码氨基酸的 64 个密码子的所有巧妙的数学发明都是人类为了找到编码模式的一种虚幻的假设，都没有反映任何的自然规律。"剩余"密码子仅仅就是多余的：有的氨基酸有 1 个或 2 个密码子，有的有 4 个，有的还有 6 个，还有 3 个密码子作为终止符号（这一性质之后被克里克称为"简并性"）。乍一看密码子和氨基酸之间的映射只是随意的，甚至是杂乱无章的。为了应对解决移码问题，自然也忽略了数学的精巧。核糖体沿着信使 RNA 按照三联体碱基的格式前进，并进行翻译。除了标记核糖体应该开始的信号，密码子自身并没有执行正确阅读框架的能力。

或许有人会认为，在遗传密码理论发展的过程中有许多假设会比实际的密码更加巧妙（图 5.5）。但是，事实并不是这样的。实际的遗传密码是生物化学最巧妙的一种设计。密码子表并不完全是随意的。例如，虽然它有一定的冗余度，但是，在同义密码子转换的许多突变中，就赋予了密码子一种纠错能力。当一个突变不改变氨基酸时，它的转换物就可以和原来的密码子具有相同的性质。一些编码理论专业的人员，如黑格（David Haig）和赫斯特（Laurence D. Hurst）等也对遗传密码进行了计算机模拟，都表明自然的密码在这方面几乎是最优的。对于伽莫夫的重叠密码，任何一个突变都可以改变一次三个相邻的氨基酸，这可能就会导致蛋白质失去功能。[1]无逗点密码在这方面甚至更脆弱，因为一个密码子的突变有可能使编码序列变为是无意义的或者终止翻译。

当然，在遗传密码已经完全破译的语境下对伽莫夫及克里克等人提出批评是绝对不公平的。他们都在各自发明的密码理论的语境下不断地假设、推理，并且试图将它放在一个已经进化了几十亿年的生化系统中。在假设、演绎、推理的条件下，要求它们与自然的密码相一致必然会有些苛刻。这就像是将一个男人的胳膊换为鸟的翅膀，并期待他去飞。同样，如

---

[1] Haig D, Hurst L D. A quantitative measure of error minimization in the genetic code. Journal of Molecular Evolution, 1991, 33: 412-417.

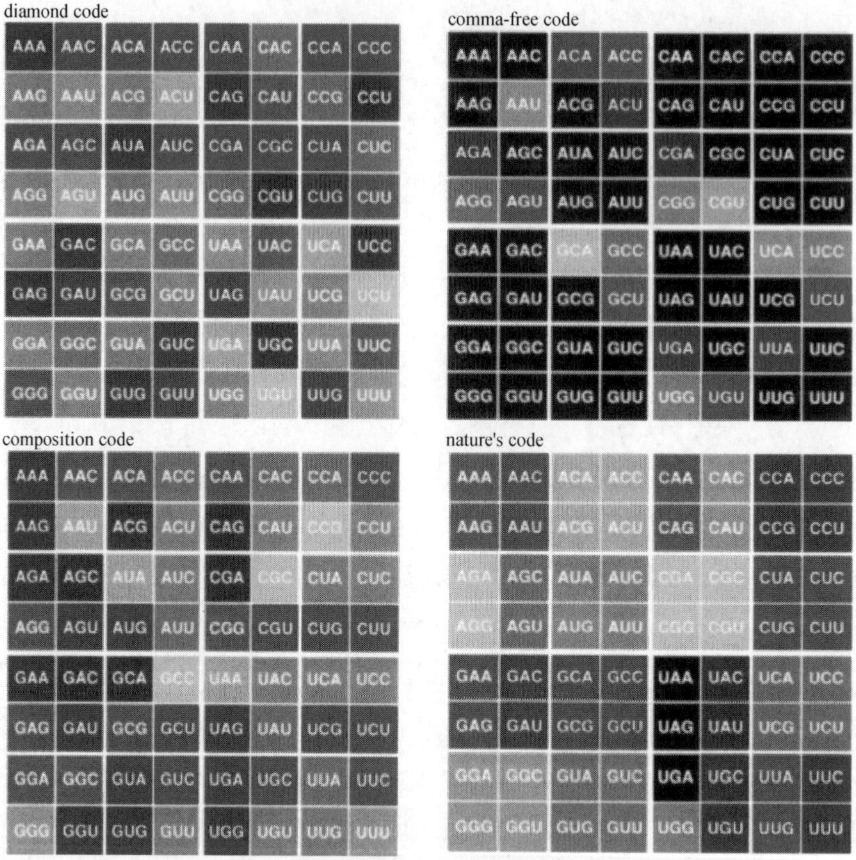

图 5.5 假设遗传密码图

注：加莫夫的菱形密码，与它类似的组合密码，以及无逗点密码中，密码子的分配显示出巧妙的对称性。实际的遗传密码表现出更少的规律性[①]

果我们反过来做一个思想实验，自然的密码也会是不正确的。例如，如果我们去访问一个星球，那里的生命数十亿年的进化都遵循无逗点密码，那么，毫无疑问，我们会发现我们现在的密码也一定是不适应的。

3. 三联体密码的证明

对于三联体假说证明的工作主要是由克里克和尼伦伯格完成的。他们分别从不同的角度对遗传密码三联体假说进行了证明。

[①] 转引自 Hayes B. Computing science: the invention of the genetic code. American Scientist, 86 (1): 8-14.

（1）克里克关于三联体密码证明的工作

克里克以 T4 噬菌体作为实验研究的材料，通过对 DNA 上碱基增加或减少后对蛋白质编码影响的分析来证明三联体密码。他所做的实验又被称为基因的移码突变实验（frameshift mutation experiment）。移码突变指的是 DNA 核苷酸链上由于碱基的增加或缺失从而导致蛋白质编码发生改变的现象。例如，一条 DNA 链上的碱基序列为：TAC CAT TAG GAT CCC ATT，那么它所对应的 mRNA 的碱基序列便为：AUG GUA AUC CUA GGG UAA，根据遗传密码所编码的氨基酸序列便为：甲硫氨酸（起始密码）、缬氨酸、异亮氨酸、亮氨酸、甘氨酸、终止密码。如果在 DNA 链的第3与第4个位点之间插入一个 C，那么它的碱基序列便变为：TAC CCA TTA GGA TCC CAT T，而其对应的 mRNA 的碱基序列以及蛋白质氨基酸的序列便变为：AUG GGU AAU CCU AGG GUA A 和甲硫氨酸（起始密码）、甘氨酸、天冬氨酸、脯氨酸、精氨酸、缬氨酸。如果在 DNA 链的第7个位点删除一个碱基，那么它的碱基序列便变为：TAC CAT AGG ATC CCA TT，其对应的 mRNA 的碱基序列以及蛋白质氨基酸的序列便变为：AUG GUA UCC UAG GGU AA 和甲硫氨酸（起始密码）、缬氨酸、丝氨酸、终止密码。两种情况下，基因对蛋白质的编码都发生了变化。如图 5.6 所示。

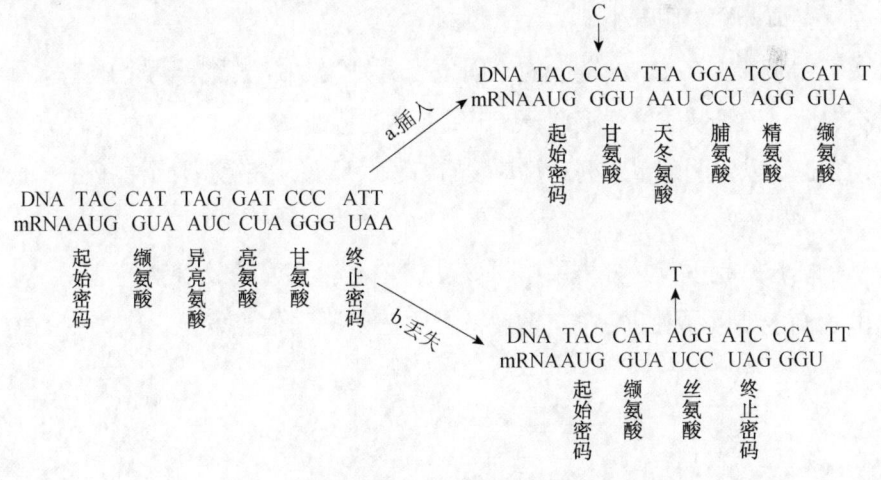

图 5.6　碱基对插入和丢失引起的基因突变

显然，在一条 DNA 链上的编码区内插入或删除一个碱基时，便一定会影响 DNA 对蛋白质氨基酸编码的影响。那么，在同一条 DNA 链上发生两次突变时情况会是怎么样的？克里克对这种情况做了如下分析（图 5.7）。

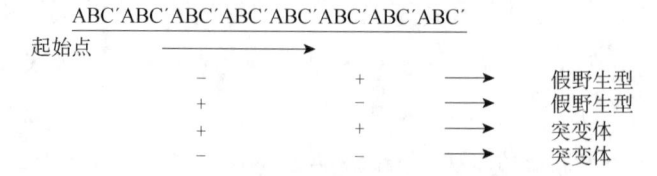

```
         ABC′ABC′ABC′ABC′ABC′ABC′ABC′
起始点    ─────────────────────────→
              −           +        ─→   假野生型
              +           −        ─→   假野生型
              +           +        ─→   突变体
              −           −        ─→   突变体
```

图 5.7　同一 DNA 链上发生两次突变情况图

注：为了简便起见，用重复的 A、B、C 字母表示重复的碱基序列。图中"+"表示增加一个碱基，"−"表示删除一个碱基，箭头表示碱基移动的方向。起始点表示编码开始的位置。克里克认为编码须从一个固定的点开始，这一点在下文中会有详细讨论

如果一条 DNA 链上的某一位点先增加了一个碱基，又在同一位点丢失了这个碱基，那么，发生两次突变的这个碱基序列又会恢复到原来正常的情况。这种情况被称为野生型。

如果在一条 DNA 链上的不同位点分别增加或删除了一个碱基，即发生补偿的双重突变。那么，在发生两个突变位点之间的碱基不能编码正确的氨基酸，而在两个突变位点之外的碱基仍能编码正确的氨基酸。克里克将这种情况称为假野生型。

如果在一条 DNA 链上的不同位点分别增加或删除了两个碱基。那么，此时的氨基酸序列将会表现出突变体的特征[①]。

这足以说明碱基序列对氨基酸的编码。那么，究竟是几个核苷酸构成一个密码子？

接着，克里克又分析了在同一条 DNA 链上发生三次突变的情况。这里我们主要列举在同一条 DNA 链上的三个不同位点发生三次突变的情况，如图 5.8 所示。

---

① Crick F, Barnett L, Brenner S, et al. General nature of the genetic code for proteins. Nature, 1961, 192: 1227-1232.

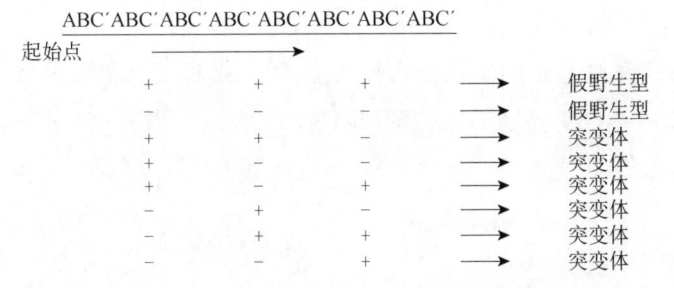

```
          ABC´ABC´ABC´ABC´ABC´ABC´ABC´ABC´
起始点              ───────▶
              +     +     +     ───▶  假野生型
              -     -     -     ───▶  假野生型
              +     +     -     ───▶  突变体
              +     -     +     ───▶  突变体
              -     +     -     ───▶  突变体
              -     +     +     ───▶  突变体
              -     -     +     ───▶  突变体
```

图 5.8　同一 DNA 链上发生三次突变情况图

从图 5.8 可以看出，只有在同一 DNA 链上发生的三次突变均为增加或删除一个碱基时，才会表现出假野生型的特征，而其他情况下均表现为突变体的特征。

如果进一步地在增加或删除的三个碱基对应的氨基酸序列上删除或增加一个氨基酸，那么，将不会影响 DNA 所编码的蛋白质的功能。这便充分说明了遗传密码是以三联体的方式结合的。[1]

（2）尼伦伯格关于三联体密码证明的实验

尼伦伯格对三联体密码的证明是通过体外无细胞系统（cell-free system）的实验完成的。无细胞系统合成蛋白质是尼伦伯格对破译遗传密码的一个重要贡献。20 世纪 50 年代末期，尼伦伯格就开始了对无细胞系统的研究。他和德国化学家马特伊从大肠杆菌中寻找适合体外合成蛋白质的条件。他们发现，当一个体外的无细胞体系中含有适合蛋白质合成的各种条件如含有 DNA、各种 RNA、各种酶、起始因子、延伸因子、终止释放因子、ATP、GTP 及氨基酸等成分时，这个体系就能够合成出蛋白质[2]。1961 年，尼伦伯格首先合成了一条只有尿嘧啶核苷酸构成的同聚核苷酸链，即 UUUUUUUU……之后他将该同聚核苷酸链放入包含 20 种氨基酸的无细胞系统中，发现多聚苯丙氨酸被合成。1963 年 8 月，尼伦伯格和马特伊联名在《美国国家科学院会报》发表了《大肠杆菌的无细

---

[1] Crick F, Barnett L, Brenner S, et al. General nature of the genetic code for proteins. Nature, 1961, 192: 1227-1232.

[2] Matthaei J H, Nirenberg M W. Characteristics and stabilization of DNase sensitive protein synthesis in E. coli extracts. Proceedings of the National Academy of Sciences of the U. S. A., 1961, 47: 1580-1588.

胞蛋白质合成体系取决于自然的或合成的多核苷酸》一文。他们在文章中写道："在每毫升的反应混合物中多增加 10 毫克多聚尿嘌呤苷酸就会如图 5.9 所示，明显地增加多聚苯丙氨酸的结合，并且多聚苯丙氨酸的结合几乎完全取决于多聚尿嘌呤苷酸的增加。"①

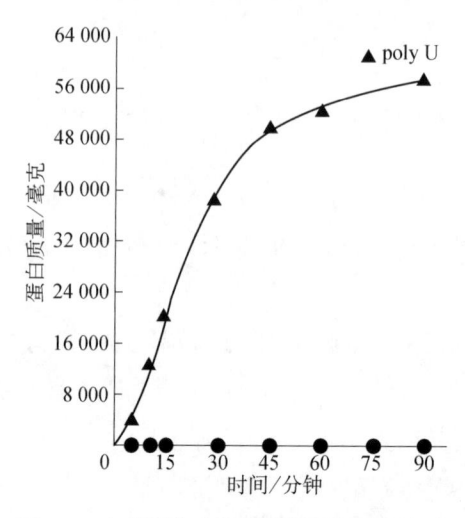

图 5.9 由多尿苷酸激励的苯丙氨酸的合成

之后，他们又分别合成了多聚腺嘌呤核苷酸及多聚胞嘧啶核苷酸链。通过无细胞系统，这两条多聚核苷酸链分别合成了多聚赖氨酸及多聚脯氨酸肽链。显然，核苷酸链携带遗传信息，决定了氨基酸链的合成。克里克在 1961 年的一篇文章中曾写道："听到尼伦伯格宣告的结果使我大吃一惊，他和马特伊通过把多聚尿苷酸加入到无细胞蛋白质合成体系中产生了多聚苯丙氨酸，这意味着尿嘧啶序列在为苯丙氨酸编码。"②

然而，上述的实验并不能说明每个密码单位中所包含的核苷酸数目。之后他们又合成了多聚 UA、UC、UG、UAC、UGC、UGA 链，通过对这些核苷酸链编码氨基酸实验的分析，他们得到了遗传密码的三联体性

---

① Nirenberg M W, Matthaei J H. The dependence of cell-free protein synthesis in *E. coli* upon naturally occurring or synthetic polyribonucleotides. Proceedings of the National Academy of Sciences of the U.S.A., 1961, 47: 1588-1602.

② Crick F, Barnett L, Brenner S, et al. General nature of the genetic code for proteins. Nature, 1961, 192: 1227-1232.

质。以 UAUAUAUA……为例，实验发现这条核苷酸链编码的氨基酸链由酪氨酸与异亮氨酸交替构成。这便将双密码的可能性排除在外。因为，无论是 UAUAUA……、AUAUAU……、UAUA、UAUA、UAUA……还是 AUAU、AUAU、AUAU……都只能编码同一种氨基酸。还有"两种氨基酸——精氨酸（Arg）和丙氨酸（Ala）的合成都是由 poly UGC 编码的，它们的编码单位每个都包含 3 个不同的核苷酸……假定所有氨基酸有相同的密码率（coding ratio，即核苷酸数目与编码的氨基酸数的比率），这个最小的密码率必定是 3，有可能它是更大的"[①]。

4. 遗传密码的破译

体外无细胞系统合成蛋白质及人工合成核苷酸链为遗传密码的破译打开了大门。1961 年，尼伦伯格通过人工合成了一条只有尿嘧啶核苷酸构成的同聚核苷酸链，并且使其在无细胞系统中合成了聚苯丙氨酸，从而破译了第一个遗传密码，即 UUU 编码苯丙氨酸。同样是利用无细胞系统实验，巴基斯坦的生物化学家霍拉纳（H. G. Khorana）通过重复序列的多核苷酸链对蛋白质的编码完成了对所有遗传密码的破译。科拉纳通过人工的方法分别合成了重复的二聚核苷酸、三聚核苷酸及四聚核苷酸，之后将它们放入用 C^{14} 标记过的包含 20 种氨基酸的无细胞系统中，最后对它们合成的氨基酸链的组成进行分析[②]。例如，$(UC)_n$ 核苷酸链可能组成的密码子有 UCU 和 CUC，如果遗传密码没有相互重叠的特性，那么聚 UC 核苷酸链合成的氨基酸链就是由两种氨基酸交替组成的，而实验中合成的多肽链正是由丝氨酸和亮氨酸交替组成的。$(UUC)_n$ 核苷酸链按照不同的起点开始可能组成的密码子有 UUC、UCU 及 CUU，在实验中它分别合成了聚丝氨酸、聚亮氨酸及聚苯丙氨酸多肽链。$(UUAC)_n$ 核苷酸链可能组成的密码子有 UUA、CUU、ACU 及 UAC，而实验中合成的多肽链是由亮氨酸—亮氨酸—苏氨酸—酪氨酸组交替组成的，如表 5.1 所示。

---

① Nirenberg M, Martin R, Matthaei J, et al. Ribonucleotide composition of the genetic code. Biochemical and Biophysical Research Communications, 1962, 6: 410-414.

② 具体过程参见 Khorana H. Nucleic acid synthesis in the study of the genetic code//Nobel Lectures: Physiology or Medicine（1963-1970）. New York: American Elevier Publishing Company, 1973: 350-356.

表 5.1　聚 UC 核苷酸链可能组成的密码子

mRNA 序列	(UC)$_n$	(UUC)$_n$	(UUAC)$_n$
可能形成的密码子	(UCU-CUC-)……	(UUC-)、(UCU-)、(CUU-)	(UUA-CUU-ACU-UAC)……
对应的多肽链中的氨基酸	丝氨酸—亮氨酸	聚丝氨酸、聚亮氨酸、聚苯丙氨酸	亮氨酸—亮氨酸—苏氨酸—酪氨酸

然而，这只能确定 UCU 及 CUC 编码了丝氨酸和亮氨酸，并不能确定哪个密码子具体决定了哪个氨基酸。之后，他们又对这三组实验分别进行了对比。先将实验 2 和实验 3 进行对比，发现其中有共同的密码子 CUU，而在它们合成的多肽链中也只有一种共同的氨基酸——亮氨酸，这便说明了 CUU 是亮氨酸的密码子。之后，再将实验 1 和实验 2 进行对比，它们只有共同的密码子 UCU，虽然它们合成的多肽链中有两种相同的氨基酸——亮氨酸和丝氨酸，但是，实验 2 和实验 3 的比较已经说明了亮氨酸的密码子是 CUU，所以，可以推断 UCU 为丝氨酸的密码子，同时，CUC 也编码亮氨酸。根据实验 2 中 CUU 编码亮氨酸、UCU 编码丝氨酸，便可得出 UUC 是苯丙氨酸的密码子。根据这种方法，科拉纳利用不同组成的重复序列的多核苷酸链破译了所有的遗传密码。

与此同时，尼伦伯格和他的同事们的工作也从另一个方面完成了遗传密码的破译。他们发现了特定的三核苷酸可以促进特定的 tRNA 与核糖体的结合。例如，加入三核苷酸 UUU 促进苯丙氨酸 tRNA 与核糖体结合；加入三核苷酸 AAA 促进赖氨酸 tRNA 与核糖体结合；加入三核苷酸 CCC 促进脯氨酸 tRNA 与核糖体结合。1964 年，尼伦伯格与莱德共同在 *Science* 上发表了《RNA 密码子和蛋白质的合成》一文。其中，他们发明了一种快速筛选三核苷酸-tRNA-核糖体结合体的方法，利用核糖体与硝酸纤维素滤膜结合的能力，用硝酸纤维素滤膜过滤三核苷酸-tRNA-核糖体的结合体。结合在核糖体上的 tRNA 分子在用硝酸纤维素滤膜过滤时，能被截留下来，而未结合的 tRNA 则能通过滤膜。这样对筛选的结合体上标记了 ^{14}C 氨酰 tRNA 的测试，就可以确定该氨基酸所对应的三核苷酸密码子。这就好比是将人工合成的密码子，定向"寻找"其对应的 tRNA 及其携带的氨基酸。也正是通过这样的定向"寻找"，尼伦伯格及其同事共同破译了所有的遗传密码。①

最终被破译的密码表如表 5.2 所示。

表 5.2　遗传密码子

第一位核苷酸	第二位核苷酸				第三位核苷酸
	U	C	A	G	
U	苯丙氨酸 苯丙氨酸 亮氨酸 亮氨酸	丝氨酸 丝氨酸 丝氨酸 丝氨酸	酪氨酸 酪氨酸 终止 终止	半胱氨酸 半胱氨酸 终止 色氨酸	U C A G
C	亮氨酸 亮氨酸 亮氨酸 亮氨酸	脯氨酸 脯氨酸 脯氨酸 脯氨酸	组氨酸 组氨酸 谷氨酰胺 谷氨酰胺	精氨酸 精氨酸 精氨酸 精氨酸	U C A G
A	异亮氨酸 异亮氨酸 异亮氨酸 甲硫氨酸*	苏氨酸 苏氨酸 苏氨酸 苏氨酸	天冬酰胺 天冬酰胺 赖氨酸 赖氨酸	丝氨酸 丝氨酸 精氨酸 精氨酸	U C A G
G	缬氨酸 缬氨酸 缬氨酸 缬氨酸	丙氨酸 丙氨酸 丙氨酸 丙氨酸	天冬氨酸 天冬氨酸 谷氨酸 谷氨酸	甘氨酸 甘氨酸 甘氨酸 甘氨酸	U C A G

*常作为起始信号

通过分析可以发现，64 个密码子共编码 20 种氨基酸，其中 61 个编码氨基酸，3 个作为终止密码子不编码任何氨基酸，1 个密码子——AUG，既作为起始密码又作为甲硫氨酸的密码子。被编码的 20 种氨基酸中，有 2 种氨基酸只有 1 个密码子——甲硫氨酸（AUG）、色氨酸（UGG）；有 9 种氨基酸有 2 个密码子——谷氨酸（GAA、GAG）、赖氨酸（AAA、AAG）、天冬酰胺（AAU、AAC）、天冬氨酸（GAU、GAC）、谷氨酰胺（CAA、CAG）、组氨酸（CAU、CAC）、半胱氨酸（UGU、UGC）、酪氨酸（UAU、UAC）、苯丙氨酸（UUU、UUC）；有 1 种氨基

---

① 具体过程参见 Nirenberg M, Leder P. RNA code words and protein synthesis—the effect of trinucleotides upon the binding of srnato ribosomes. Science, 1964, 145: 1399-1407.

酸有 3 个密码子——异亮氨酸（AUU、AUC、AUA）；有 5 种氨基酸有 4 个密码子——甘氨酸（GGU、GGC、GGA、GGG）、丙氨酸（GCU、GCC、GCA、GCG）、缬氨酸（GUU、GUC、GUA、GUG）、苏氨酸（ACU、ACC、ACA、ACG）、脯氨酸（CCU、CCC、CCA、CCG）；有 3 种氨基酸有 6 个密码子——精氨酸（CGU、CGC、CGA、CGG、AGA、AGG）、丝氨酸（UCU、UCC、UCA、UCG、AGU、AGC）、亮氨酸（UUA、UUG、CUU、CUC、CUA、CUG）。

三、遗传密码的语义性质

早在 1961 年，克里克及其同事就对遗传密码的性质进行了讨论。他们在 Nature 上发表了论文《蛋白质遗传密码的一般性质》。在该文中他们一共讨论了遗传密码的四种一般性质：三联体性质；互不重叠性质；有固定的起点；简并性质[①]。随着对遗传密码研究的不断深入，人们还发现了其通用性、变异性及偏倚性等性质。

三联体性质：是指每个遗传密码都是由三个相邻的碱基组成的，三个相邻的碱基组合共同编码一个氨基酸。这一点在前文中就已讨论。

互不重叠性质：是指三联体密码连续排列，彼此之间没有相互重叠的部分，如图 5.10 所示。

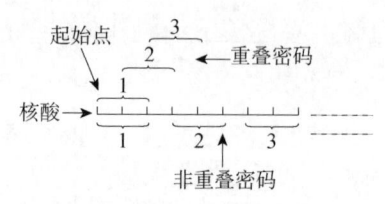

图 5.10 重叠密码与非重叠密码的区别

证明遗传密码互不重叠的直接工作其实是由生物学家奥乔亚（S. Ochoa）等人完成的。1962 年奥乔亚及其同事在 Science 上发表《合成的

---

① Crick F, Barnett L, Brenner S, et al. General nature of the genetic code for proteins. Nature, 1961, 192: 1227-1232.

多核苷酸和氨基酸密码》一文。在该文中他们表示用亚硝酸处理烟草花叶病毒的 RNA，可以使其发生单个的碱基置换。亚硝酸可以使烟草花叶病毒 RNA 链上的胞嘧啶 C 和鸟嘌呤 A 发生氧化脱氧作用，从而使其变为尿嘧啶 U 和腺嘌呤 G[①]。这样就导致了核苷酸的序列发生变化。例如，亚硝酸的主要作用是引起胞嘧啶 C（cytosine）氧化脱氨，使胞嘧啶转换成尿嘧啶 U（uracil）。在下一次复制周期中，U 与 A（adenine，腺嘧啶）配对代替了原来的 G（guanine，鸟嘌呤）与 C 的配对。这样再下一次复制周期中，当 A 与 T（thymine，胸腺嘧啶）配对时，T—A 对就代替了 C—G 对。

当核苷酸序列上某个碱基发生变化时，它对应编码的多肽链上也仅有一个氨基酸发生置换。正是在这样的基础上，克里克认为遗传密码间是相互不重叠的。因为，如果遗传密码是相互重叠的，那么，当一个碱基发生变化时便会导致相邻的三个密码子发生变化，而不是只有一个氨基酸发生置换。克里克还发现，在对人的血红蛋白基因的研究中，正常的血红蛋白基因上的碱基 U 被 G 取代时，便会导致血红蛋白多肽链上的甘氨酸被缬氨酸所取代，而这正是因为碱基置换使得核苷酸序列上的密码子 GGA 变为了 GUA[②]。这些都充分说明了遗传密码互不重叠的性质。

遗传密码的阅读有固定的起点：关于遗传密码的这个性质，我们可以举个简单的例子。例如，HIS DOG EAT THE EGG。按照正常的语序我们可以将它翻译为"他的狗吃了那个鸡蛋"。如果改变句子阅读的起点——H ISD OGE ATT HEE GG，那我们便会不知所云了。这也正是尼伦伯格等人合成的多聚 UUC 核苷酸链会形成聚丝氨酸、聚亮氨酸及聚苯丙氨酸三条不同的多肽链的原因。

简并性：由 4 种碱基构成的三联体密码按照 $4\times4\times4$ 的计算方式，共能形成 64 种密码子，而常见的需要编码的氨基酸只有 20 种。这就说明存在多个密码子编码同一个氨基酸的情况。克里克将这种多个密码子对应同一个氨

---

① Ochoa S, Basilio C, Wahea A, et al. Synthetic polynucleotides and the amino acid Code，V. Science, 1962, 48: 613-616.

② Crick F, Barnett L, Brenner S, et al. General nature of the genetic code for proteins. Nature, 1961, 192: 1227-1232.

基酸的现象称作密码子的简并性,具体简并情况见表 5.3。由于遗传密码的简并性可能与遗传密码的起源和进化理论相关,因此,这一性质至今依然被许多分子生物学家所讨论。为了解释遗传密码的这一现象,克里克在 1966 年发表了论文《密码子-反密码子配对:摆动假说》,并在这篇文章中提出了著名的摆动假说,认为在密码子和反密码子配对的过程中,密码子的 3′ 端与反密码子的 5′ 端配对性较差,会形成摆动配对[①],如表 5.4 所示。

表 5.3 遗传密码的简并性

无简并性	二对一	三对一	四对一	五对一	六对一
AUG—甲硫氨酸 UGG—色氨酸	GAA, GAG 谷氨酸 AAA, AAG 赖氨酸 AAU, AAC 天冬酰胺 GAU, GAC 天冬氨酸 CAA, CAG 谷氨酰胺 CAU, CAC 组氨酸 UGU, UGC 半胱氨酸 UAU, UAC 酪氨酸 UUU, UUC 苯丙氨酸	AUU, AUC, AUA 异亮氨酸	GGU, GGC, GGA, GGG 甘氨酸 GCU, GCC, GCA, GCG 丙氨酸 GUU, GUC, GUA, GUG 缬氨酸 ACU, ACC, ACA, ACG 苏氨酸 CCU, CCC, CCA, CCG 脯氨酸	—	CGU, CGC, CGA, CGG, AGA, AGG 精氨酸 UCU, UCC, UCA, UCG, AGU, AGC 丝氨酸 UUA, UUG, CUU, CUC, CUA, CUG 亮氨酸

注:其中 AUG,即编码甲硫氨酸,又作为起始密码,UAA、UAG、UGA 作为终止密码子,不编码氨基酸。

---

① Crick F. Codon-anticodon pairing:The wobble hypothesis. Journal of Molecular Biology,1966,19(2):548-555.

表 5.4　密码子第三位与反密码子第一位点的配对

反密码子 5′ 端碱基	密码子 3′ 端碱基
G	U 或 C
C	G
A	U
U	A 或 G
I	A、U 或 C

虽然当时的大多数实验都支持克里克的理论，但是摆动假说也没能解释遗传密码所有的简并现象。

之后，还有分子生物学家从密码起源角度，提出密码起源的"3 读 2"假说，并用以解释遗传密码的简并性。例如，奥格尔根据大部分的密码子满足"3 读 2"的读出规则，推断原始的密码子最初可能只是由前两位碱基组成的，即满足"3 读 2"，而其他满足"3 读 3"读出规则的密码子，都是在"3 读 2"的基础上分化而成的[1]；拉格奎斯特（U. Lagerkvist）指出"密码子和反密码子在相互作用时，只有前两个碱基被反密码子识别，第三个碱基只起一种隔开的作用，以防止移码错读"等[2]。无论如何，遗传密码的简并性在一定程度上避免了变异对生物体带来的不利。

通用性及变异性：遗传密码的通用性早已成为分子生物学的一个共识。20 世纪 60 年代尼伦伯格等人就通过研究细菌、两栖类和哺乳类动物细胞中的氨酰 tRNA 对三核苷酸密码子的响应，发现三核苷酸几乎是等同地翻译成氨基酸。大量的实验和事实也都表明，无论是原核还是真核生物大多都使用相同的遗传密码。尼伦伯格在 1968 年的诺贝尔演讲中就曾说道："虽然在密码子的翻译中出现了一些改变，但是在用细菌、两栖类和哺乳类动物的氨酰 tRNA 识别密码子的碱基序列中明显的类似性显示出地球上大多数或许全部生物基本上使用相同的遗传语言，并且按照普遍的规

---

[1] Orgel L E. Evolution of genetic apparatus. Journal of Molecular Biology，1968，38：381.
[2] Lagerkvist U. Two out of three：An alternative method for codon reading. PNAS，1978，75（4）：1759，1762.

则翻译这种语言。"[①]直到 1979 年，巴勒（Balle）等人在人的线粒体中发现了原本编码异亮氨酸和终止密码的密码子 AUA 及 UGA 分别变为了编码甲硫氨酸和色氨酸，才正式明确了遗传密码的变异性。之后人们又在许多生物的线粒体以及一些原生动物中也发现遗传密码的变异。例如，终止密码子 UAG 和 UAA 在草履虫的蛋白质合成过程中就分别编码谷氨酰胺和谷氨酸。至今为止，人们发现线粒体中遗传密码的变异如表 5.5 所示。而这种变异性不仅反映了密码子的多样性，也在某种程度上体现了密码子的进化过程。

表 5.5　线粒体中变异的遗传密码（其中 N 表示 4 个碱基中的任意一个）

项目	密码子				
	UGA	AUA	AGA AGG	CUN	CGG
通用密码	终止	Ile	Arg	Leu	Arg
脊椎动物 果蝇	Trp Trp	Met Met	终止 Ser	Leu Leu	Arg Arg
酿酒酵母 光滑球拟酵母 彭贝裂殖酵母	Trp Trp Trp	Met Met Ile	Arg Arg Arg	Thr Leu Leu	Arg 无 Arg
丝状细菌	Trp	Ile	Arg	Leu	Arg
锥虫	Trp	Ile	Arg	Leu	Arg
高等动物	终止	Ile	Arg	Leu	Trp

　　偏倚性：遗传密码的简并性表明有些氨基酸可以有多个密码子为其编码。但是，遗传密码的偏倚性指出，这些具有简并性的密码子在蛋白质合成的过程中被使用的频率是不同的。对于某一个特定的氨基酸而言，相比于其他密码子，某些密码子的使用频率明显地偏高。例如，在线虫线粒体的 DNA 中其碱基的组成及密码子的使用都具有明显的 AT 偏倚性。比如，萨克尼（Saccone）等人在实验研究中发现，线虫线粒体 DNA 中 CG 碱基的含量只有 26.17%±2.15%，而在绝大多数的哺乳动物的线粒体 DNA

[①] Nirenberg M. The genetic code//Nobel Lectures: Physiology or Medicine (1963-1970). New York: American Elsevier Publishing Company, 1973: 375-392.

中 CG 碱基的含量可以达到 40.28%±3.08%[1]。海曼（Hyman）等人也通过实验研究发现在食蚊罗索线虫的线粒体 DNA 中 AT 碱基的含量可以高达 80%，而 CG 碱基的含量仅有 20%左右。同时，在食蚊罗索线虫的线粒体 DNA 的 3 个密码子碱基位点都表现出较强的 A 替代 G 和 T 替代 C 的趋势，并且单拷贝线粒体 DNA 和所有重复序列编码开放阅读框的密码子的第三位碱基为 A/T 的比例要明显高于 G/C[2]。再比如，在虹鳟 UBA 基因中第 2 个外显子密码子在使用的过程中，CAG 的使用频率能够达到 8.02%，而 ACU 和 GAC 的使用频率分别就只有 5.70%和 5.58%，同时，在其编码亮氨酸的 6 个同义密码子中，CUG 的使用频率高达 95.24%，CUU 的使用频率为 4.76%，而其他 4 种密码子都没有被使用，如表 5.6 所示[3]。

表 5.6　虹鳟 Onmy-UBA 基因第二外显子等位基因密码子的使用

密码子	使用次数	密码子	使用次数	密码子	使用次数	密码子	使用次数
UUU（F）	0.9（0.48）	UCU（S）	1.0（0.97）	UAU（Y）	1.9（0.77）	UGU（C）	0.1（2.00）
UUC（F）	2.9（1.52）	UCC（S）	2.1（2.03）	UAC（Y）	3.1（1.23）	UGC（C）	0.0（0.00）
UUA（L）	0.0（0.00）	UCA（S）	1.0（0.97）	UAA（*）	0.0（0.00）	UGA（W）	0.0（0.00）
UUG（L）	0.0（0.00）	UCG（S）	0.0（0.00）	UAG（*）	0.0（0.00）	UGG（W）	2.0（2.00）
CUU（L）	0.1（0.24）	CCU（P）	0.0（0.00）	CAU（H）	1.0（2.00）	CGU（R）	1.0（1.92）
CUC（L）	0.0（0.00）	CCC（P）	1.0（1.33）	CAC（H）	0.0（0.00）	CGC（R）	1.0（1.92）
CUA（L）	0.0（0.00）	CCA（P）	2.0（2.67）	CAA（Q）	0.0（0.00）	CGA（R）	0.0（0.00）
CUG（L）	2.0（5.76）	CCG（P）	0.0（0.00）	CAG（Q）	6.9（2.00）	CGG（R）	0.1（0.16）
AUU（I）	3.0（2.00）	ACU（T）	4.9（2.48）	AAU（N）	1.0（0.52）	AGU（S）	2.0（1.95）
AUC（I）	0.0（0.00）	ACC（T）	2.0（1.01）	AAC（N）	2.8（1.48）	AGC（S）	0.1（0.00）
AUA（M）	1.1（0.72）	ACA（T）	0.0（0.00）	AAA（K）	1.0（0.41）	AGA（R）	1.9（3.83）
AUG（M）	1.9（1.28）	ACG（T）	1.0（0.51）	AAG（K）	3.9（1.59）	AGG（R）	0.1（0.17）
GUU（V）	1.0（0.57）	GCU（A）	0.2（0.16）	GAU（D）	3.0（0.77）	GGU（G）	1.9（1.24）
GUC（V）	1.0（0.57）	GCC（A）	3.0（2.88）	GAC（D）	4.8（1.23）	GGC（G）	0.2（0.11）
CUA（V）	3.0（1.71）	GCA（A）	0.9（0.88）	GAA（E）	0.0（0.00）	CGA（G）	3.1（2.00）
GUG（V）	2.0（1.14）	GCG（A）	0.1（0.08）	GAG（E）	4.0（2.00）	GGG（G）	1.0（0.65）

注：数字代表密码子使用次数，括号内数字为相对同义密码子的性用度（RSCU）

---

[1] Saccone C, de Giorgi C, Gissi C, et al. Evolutionary genomics in metazoa: The mithochondrial DNA as a model system. Gene, 1999, 238. 195-209.

[2] Hyman B C, Azevedo J L. Similar evolutionary patterning among repeated and single copy nematode mitochondrial genes. Molecular Biology and Evolution, 1996, 13（1）. 221-232.

[3] 胡丹丹, 刘哲, 邵淑娟, 等. 虹鳟 MHC-UBA 基因遗传多样性分析. 生物技术通报, 2013, 7: 103.

如果我们了解并掌握了遗传密码子在使用过程中的偏倚性，那么在基因工程中，我们就可以有选择性地去使用不同的高频率密码子，从而提高基因在宿主细胞中的表达水平。

第二节　遗传密码语境论基础上的意义分析

我们在上一节中讨论了遗传密码的历史发展与遗传密码的语义性质。在遗传密码发展的过程中，人们对其概念的理解与诠释也不断发生着变化。例如，当分子生物学的研究从原核生物推进到真核生物时，就对遗传密码的概念提出了严峻的挑战。同时，即便是在当代分子生物学中，不同的学者对于遗传密码概念的理解与诠释也可能持有不同的态度。本节中，我们详细讨论了其中最具代表性的三种观点，并指出，在对遗传密码概念的认识过程中，我们应该尽量避免一种非黑即白、非此即彼的思维方式。而语境论的平台就为我们提供了这样一种途径，使得我们能够避免对遗传因素和环境因素之间简单化的区分，也能够避免对遗传密码概念片面的、偏执的理解。

一、遗传密码的内涵与解释困境

遗传密码的概念，与信息的概念一样，在分子生物学中都是作为生物特异性理论的一部分被提出的。最初，薛定谔通过一个概念性的编码方案，提出了一种生物特异性可能的不同来源，从而将编码的概念引入了分子生物学。之后，遗传密码的概念，即将 DNA 和蛋白质之间的关系构象为一种具体的编码形式的思想，正式将信息的概念嵌入了分子生物学的概念框架。

伴随着分子生物学的发展，遗传密码的意义也在不断发生着变化。正如前文中所言，在遗传密码结构发现的过程中，伴随着遗传密码实际结构的变化，在生物体中基因与形状之间的关系也在不断发生着改变。那么，遗传密码的概念对于现代分子生物学的意义究竟是什么？有两个问题是最为需要关注的，也是目前讨论相对较多的：在对生物过程的理解中遗传密码扮演着什么样的角色；遗传密码有哪些区别于人工密码的独特特征。

遗传密码的概念与基因语义概念的编码特性是密不可分的。最初被引入到分子生物学中的遗传密码的概念是用来区分基因与环境因素对生物体性状的影响。生物体的性状都是由基因包含的遗传信息所编码的，而其他遗传因素不具有这一特性。"遗传编码的概念可以帮助解决细胞为氨基酸链排序的能力问题。它还能告诉我们，遗传上的原因确实有其独特性，在基因和性状之间的因果链上的一个特定环节会发生特殊的因果联系。尽管环境条件也发挥作用，但它不会成为特定的因果环节。"[①]在这一时期，分子生物学概念结构的核心可以归纳为以下三个定律：所有的遗传信息存在于有机体的DNA序列；信息通过转录的过程从DNA转移到RNA，通过翻译从RNA传到蛋白质；信息从来不会从蛋白质传给氨基酸序列。虽然，到目前为止，这三条定律依然被普遍地接受，甚至在许多生物学文本的导论中都能发现它们。但是，同样地，到目前为止，我们也都能明确地确定它们具有严重的误导性。其原因在于，到目前为止，分子生物学中都没有一个明确的信息的技术概念。和信息的概念一样，最初被提出的遗传密码的概念也如同一个隐喻一样。在分子生物学中，我们仅仅是将其比喻物作为一个技术概念。虽然，这种科学中的隐喻，可以使描述复杂的技术概念时，更加简明，更加容易让人理解，在交流和教学的过程中也更加容易达到目的。然而，当它仅仅只是作为一个不存在的技术概念的主体时，它同样也有可能使人误入歧途。这也正是为什么这个最初貌似有用的理论概念，在分子生物学发展的过程中会不断受到诘问。

如果从大肠杆菌中所获得的生物学认识，与在真核生物中所获得的一样，那么，遗传密码的编码框架以及其被用来区分不同生物性状的作用都

---

① 雷瑞鹏. 对遗传密码的哲学思考. 自然辩证法通讯, 2004, 6: 33-36.

是可接受的。但是，随着分子生物学的研究进入真核细胞，人们发现，最初对生物体的绝对普遍性的认识是错误的。分子生物学家对真核细胞一个接一个地发现，使得原本在原核基因中使用的简单定律不再完全适用于真核生物。同时，也对遗传密码的概念提出了挑战。

首先，真核细胞的复杂性对从 DNA 到氨基酸序列线性编码的认识提出了挑战。例如，内含子与外显子的发现。这个发现使得人们认识到 DNA 序列中有大量的片段都没有功能。在几乎所有的真核细胞中，对应于内含子的 RNA 片段在转录后都会被剪切。同时，即便是对于同一个 mRNA 前体序列，根据不同的剪接方式，可以形成不同的 mRNA 剪接片段，从而编码不同功能和结构特性的蛋白质。并且在已知的编码和调控片段之间往往还存在打断的非功能性 DNA 片段。这些发现都使得，即便是我们已经明确了所有的调控区域，也无法通过对 DNA 序列的读取来推测氨基酸序列。再比如，mRNA 编辑的几种类型。例如，在人类的寄生虫布氏锥虫中，在整个转录编码 NADH 脱氢酶亚基 7 的过程中有多达 551 个 U 被插入，有 88 个被删除。这样，编码初级转录的 DNA 片段，很难被认为是 NADH 脱氢酶亚基 7 的基因。而通过检测 DNA 序列，也不可能事先预测最终形成的蛋白质。还有，在哺乳动物的肠细胞中，有载脂蛋白的 mRNA 中的一个确定的 C 核苷酸通过脱氨基，使其转换为 U，并形成一个终止密码子。C—U 的脱氨基，以及 U—C 的胺化过程也都在几种植物的线粒体 mRNA 的转录过程中被发现。同时，线粒体 RNA 的碱基可以被插入或删除的现象也已经被观察到。而这个发现使得在没有基因时蛋白质为什么能够形成的问题可以被解释。

其次，多种类型遗传信息的发现，对遗传密码最初的作用——区分是否由基因编码的不同生物性状，提出了挑战。例如，表观遗传的发现表明，生物信息的遗传可以不依赖于 DNA 序列的差异，也可以通过细胞功能和结构的变化实现从一代细胞到下一代细胞的遗传。比如，朊病毒的传递和增殖，就是以前体的三维的细胞结构作为新的子代结构的产物的模板，类似于建筑模板那样，将前体的整个结构或功能状态作为一个整体，从一个细胞中被传递到另一个细胞中。在这个过程中，信息的传递依赖于前体的结构模板，而不是 DNA 序列的编码。染色体标记也一样，也不依赖于 DNA 序列的差异，而是以 DNA 与其他分子相结合的方式为基础。一个基因的 DNA 序列不发生改变，而是通过其与小分子，如蛋白质、RNA、小的化学基团等的结合，去影响基因的翻译调控，从而影响生物体的特征的发育。再比如，有些人还提出了行为遗传的模式。在这个遗传模式中，行为喜好和行为模式以行为信息的方式出现。一个个体的行为，作为一个信息源，可以改变另一个作为接收者的个体的状态，通过社会介导的学习过程来实现信息的传递和解释。在这个过程中，幼稚的个体通过一些不同的方式以学习和发展一些那些有经验的个体的行为模式。这种类型的信息遗传是通过依赖相关社会单位的社会组织或各种类型的社会学习等，实现某种特定的行为模式在其后代中重现。

当然，在现代分子生物学中，遗传密码的作用与基因决定论的观点已经完全分离。但是，遗传密码的概念依然在左右着人们对这方面问题的思考，如遗传因子与非遗传因子之间的差异、遗传和非遗传因果链条之间的关系等。同时，它还会影响人们对基因作用的认识。在分子生物学的语言中，我们经常能碰到这样的表述：在生物体发育的整个过程中，某些过程是独特的，因为它涉及遗传上信息编码的表达。换句话说，无论遗传密码概念的语义性质究竟是什么，到目前为止，至少有一点是明确的，那就是基因能够编码生物性状而环境因素并不能编码。虽然，很多生物学家都试图通过对信息概念的完善，期望对这个问题有所帮助，但是信息的概念也无法完全解决编码的问题。"根据目前主流的观点，遗传信息的表达是一个偶发过程，与发育和新陈代谢中的其他生理过程有很大区别；遗传和非遗传因子都能携带有关性状的信息。但遗传编码的概念很明显意味着，在从基因到性状和从环境因子（或非遗传因子）到性状的因果联系之间存在着差异。"[1]

---

[1] Griffiths P, Gray R. Developmental systems and evolutionary explanation. Journal of Philosophy, 1994, 91 (6): 277-304.

那么在现代分子生物学中的语境下，我们究竟该如何理解遗传密码概念的意义？许多生物学哲学家也都提出了很多不同的观点。

首先是反对者的观点，他们认为随着分子生物学的发展，遗传密码的概念在分子生物学中的运用也变得更加不确定。虽然，编码的概念是当今如何理解分子生物学的核心，放弃这些概念将会对分子生物学产生重要的影响。但是，在现代分子生物学的语境下，尤其是对于复杂的多细胞系统而言，遗传密码的概念及其相关的概念框架都越来越不合时宜。萨卡就是众多否定者之中比较突出的一位，他认为：

> 放弃编码的隐喻也许能将生物学从一个有机体或细胞的DNA序列的不幸的语言隐喻中释放出来。尽管这个隐喻有很大的声望，但是，在技术层面，语言的隐喻顶多是在理解生物学中密码概念的过程中是有帮助的。语言的隐喻充其量只是有助于理解生物学的编码概念。……真核生物的复杂性表明，编码的使用仅仅是被限制在从DNA到生物组织的翻译过程中。给定一个DNA序列，只是为了读出其氨基酸序列就需要知道：是否有非标准的密码被使用；使用的是什么阅读框；所有的基因的非基因以及内含子-外显子的边界要清楚；发生了哪一类的RNA编辑。即使是在隐喻层面，将这些复杂性看成一个语言的问题都是不可能的。毕竟，自然语言不会包含大段的无意义符号，然后只是偶尔插入一些有意义的符号位。当然，即便是有了氨基酸序列，生物学也才刚刚开始，之后，我们会面临高层次的组织的问题。在缺乏对蛋白质折叠问题解决的时候，如果真的从DNA"文本"开始，对这个问题解决几乎是没有前景的。无论在什么情况下，分子生物学的信息图景的贫乏，都特别需要提醒——DNA终归只是一个分子而不是一种语言[①]。

还有凯切尔，他认为，遗传密码概念仅仅只是提供了一种方便的谈话模式以及一种实用的语言框架，除此之外，它并不具有任何的解释效力，

[①] Sarkar S. Decoding "coding": Information and DNA. BioScience, 1996, 46 (11): 857-864.

如果这种模式发生了改变，生物学的理论并不会受到影响[①]。

相比于萨卡和凯切尔的观点，戈弗雷·史密斯的观点则相对较为温和，他既不同意萨卡的观点——认为遗传密码的概念原本具有解释效力，但是随着分子生物学的发展已经无法承担这种效力，也不同意凯切尔的观点——认为遗传密码的概念原本就没有承担解释的效力。他在《遗传密码的理论作用》一文中指出：

> 如果我们认为编码的概念可以作为一个有意义的理论框架，那么被编码的仅仅是蛋白质分子的初级结构（氨基酸序列），它的三维折叠结构不应看作是由基因编码的。对基因编码的效应也许有不一致的看法，但具体到复杂的性状，有一点是清楚的：它们都不可能由基因编码，它们的建构都包含着错综复杂的因果联系。不过，这并不是说，基因不会对整个生物体的复杂性状产生影响。此处所讨论的关键是有关编码的关系，这些语义关系具有特殊的性质。一个信息的可能或必然效应并不全都包含在信息的内容中。基因能够对蛋白质合成之后的过程产生效应，但一个基因能够编码的只是蛋白质本身。所以，遗传密码只是长长的因果链条上的一部分，编码只是发育过程和各种生理现象的一部分。并且一旦蛋白质合成后，基因的编码角色就终止了。基因所做的就是充当模板，除此之外编码的概念不会给我们提供任何新信息[②]。

我们发现，戈弗雷·史密斯承认遗传密码只具有一种有限的理论作用，即遗传密码的概念在蛋白质合成的过程中承担了解释效力，做出了理论上的贡献。在最初的蛋白质合成的理论框架下遗传密码的概念是一个有意义的概念框架。但是，随着分子生物学的发展，基因的语义性质发生了很大的变化，然而，我们不能一味地扩大其语义性质的效力。对于遗传密码概念而言，当超越了蛋白质合成的理论框架后，它究竟能否为我们提供

---

① Kitcher P. Battling the undead: How (and how not) to resist genetic determinism//Singh S, Krimbas B, Paul D, et al. Thinking about Evolution: Historical, Philosophical and Political Perspectives. Cambridge: Cambridge University Press, 2000: 396.

② Smith P G. On the theoretical role of "genetic coding". Philosophy of Science, 2000, 67: 35.

一些有意义的帮助是值得怀疑的 ①。关于这个问题，戈弗雷·史密斯还做过一个思想实验，他假设有一个世界，在这个世界中蛋白质也扮演着重要的作用，就像在我们的世界中一样，但是，氨基酸在没有密码的情况下复制。换句话说，他认为蛋白质可以使用 20 个"连接"分子，通过自身作为模板进行复制，"连接"分子有两个相似的末端，一端结合在模板的氨基酸上，另一端结合在新合成链上的氨基酸上。在这个系统中，没有从一种分子连接另一种不同化学分子的密码 ②。戈弗雷·史密斯认为，在这个思想实验中可以使用蛋白质基因的概念去代替 DNA 和遗传密码的概念，并且也不会产生太大的差异。而在这个思想实验中蛋白质基因就不能像 DNA 基因那样被赋予特殊的作用 ③。也就是说，在分子生物学发展的过程中，我们不能过分扩大或滥用基因的语义概念，否则就会导致遗传过程中因果关系的简单化。遗传密码的概念只是基因众多语义性质中的一部分，在超越了蛋白质合成的理论框架后，它并不承担更多的解释效力。遗传密码的概念仅仅只具有有限的理论作用，而不像我们认为的那样重要。

相比之前的几种观点，梅纳德·史密斯在《生物学中的信息概念》一文中，从信息角度对遗传密码的概念进行了适当的辩护。他将遗传密码和人工密码进行了类比，如莫尔斯电码或 ASCII 码。并指出，它们之间是如此接近，以至于都不需要任何的辩解，但是对于遗传密码而言，仍然有一些特征是需要注意的：

1）特定的三联体和其编码的氨基酸之间的对应是任意的。尽管解码必须依赖于化学作用，但是，解码的组织如 tRNA、转换酶等也可以改变，以便改变分配。事实上，发生突变是致命的，因为它们改变了分配。从这个意义上讲密码是象征性的。

2）遗传密码是不寻常的，因为它为它自己的翻译机制编码。

---

① Smith P G. On the theoretical role of "genetic coding". Philosophy of Science, 2000, 67: 36.
② Smith J M. The concept of information in biology. Philosophy of Science, 2000, 67: 183-184.
③ Smith P G. On the theoretical role of "genetic coding". Philosophy of Science, 2000, 67: 37.

3）发现自然密码和翻译机制的科学家在其头脑中一直就存在着编码的类比，因为他们使用这些词汇的描述，使他们的发现更加清晰。有的时候，他们会被类比所误导。一个例子就是相信密码可以像发现罗塞塔石碑那样被破译。我们需要的只是知道一个基因的序列，以及由该基因控制的氨基酸的序列。事实上，遗传密码没有按照那种方式解码。相反，它通过一种"翻译机制"进行解码——一片细胞的结构，它可以提供一段已知序列的RNA，然后合成一段序列确定的多肽链。但是尽管是通过这样错误的方式，信息的问题还是通过类比得到了解决。相反，如果这个问题被认为是蛋白质和RNA之间化学成分相互作用的问题，那么我们有可能还在等待一个答案。我曾看过一篇文章，当这篇文章快要结束时，萨卡描述了"无逗点密码"思想的一些历史细节。……但我认为，萨卡是过于急切地指出信息类比的错误以及淡化它的成功。……萨卡的观点，密码不能单独预测氨基酸的序列（如因为内含子、通用密码的变化等），是具有严重误导性的，生物学家一直在做这个事情。

4）没有一个适用于生物体的遗传密码，进化的复杂性是可以想象的。[①]

可以看出，梅纳德·史密斯并不同意其他学者对遗传密码的否定。他试图通过对基因概念信息语义性质的分子来解决这个问题。他认为，虽然科学中的类比及隐喻会对人产生误导，但是如果不使用信息和遗传密码的概念，而是用其他的机制去解决蛋白质和RNA之间的相互作用，那么有可能至今我们都还没有解决这个问题。

通过分析，我们可以发现，不同的观点都并不否认遗传密码概念在蛋白质合成过程中的作用，但是脱离了这个理论框架之后，遗传密码具有什么样的实际意义，不同的观点就各从其志。那么，在现代分子生物学的语境下，我们究竟应该如何理解遗传密码概念的意义？我们认为，在这个过

---

① Smith J M. The concept of information in biology. Philosophy of Science，2000，67：183-184.

程中，我们应该尽量避免这种非黑即白、非此即彼的思维方式，既不能完全否定遗传密码的理论作用，也不能过分滥用遗传密码的语义性质，用它来区分基因编码与非编码性状的差异。而是应该在特定的语义边界下对其进行特定的语义解释。"当我们对任何研究对象进行语境分析的时候，都会发现科学的解释和相关的语境是联系在一起的。"①只有确定了语义边界的语义解释，才能实现对某一概念在特定语用结构关联中的意义确定。语境论的平台就为我们提供了这样一种途径，使得我们能够避免对遗传因素和环境因素之间简单化的区分，也能够避免对遗传密码概念片面的、偏执的理解。

二、遗传密码的语境选择及意义

1953年2月的最后一天，沃森和克里克在剑桥的老鹰酒吧宣布，他们发现了生命的秘密。从现在来看，显然当时他们高估了自己的发现。当然，历史是允许吹嘘的。如果"生命"真的具有秘密，那么DNA双螺旋结构肯定会是其中之一。但是，沃森和克里克当时并没能揭示分子生物学的所有秘密。对于DNA双螺旋结构中蕴含着遗传密码问题的解决又用了整整10年的时间。

在遗传密码破译的过程中，有一个现象是非常值得我们关注的，那就是DNA结构和蛋白质结构之间的关系在很短的时间内就被很快地还原到一个关于符号操作的抽象问题上。在短短的几个月时间内，所有凌乱分子的复杂性都被一扫而空，整个问题被理解为两个不同字母间信息的数学映射。也就是说，遗传密码的产生是与符号紧密地联系在一起的。分子生物学家最初根据数学中排列组合的方式设计出遗传密码的符号。然而，对于符号的判断又根据信息理论的标准。例如，起初分子生物学家都认为信息的高效储存和传输是整个问题的重点。分子生物学家试图通过这种符号操作的方式去掌握基因的语言，从而将有形的遗传符号发展到抽象的生物学语言，即没有生物学语言，遗传密码的意义就无法得以实现。同样，没有

---

① 郭贵春. 语境的边界及其意义. 哲学研究, 2009, 2: 94-100.

生物学语言，遗传密码的概念也就无法得以发展。因此，对于遗传密码的产生和发展而言，生物学语言都具有十分重要的意义。然而，对语言的谈论就必然会涉及语境。

首先，正如上文所言，遗传密码的产生是建立在符号操作的基础之上的。只有先将 DNA 结构和蛋白质结构之间的关系构象为一种具体的编码关系，才能有之后的按照排列组合的密码设计。而对这些某一特定设计的密码的理解，只有在包含这一特定设计密码的语句中才能实现。例如，伽莫夫最初所设计的菱形密码，我们只有掌握了它的水平对角线上的碱基互补性，即满足 A—T、C—G 的规则，才能理解它的三联体特征；只有假设氨基酸链大多数是对称的，菱形从一端向另一端或一侧向另一侧翻转时意义不发生变化，才能理解菱形密码 20 组的特征；也只有假定遗传信息存储和传输的高效性，才能理解菱形密码的重叠性。也就是说，只有掌握了特定语句的意义，才能理解特定密码设计的意义。因此，遗传密码的形式、符号、产生、发展在本质上都是与语境相关的。

其次，从"语境"含义的角度来讲，遗传密码的产生和发展也都是在语境之中的。context 一词具有（想法、事件等的）背景、环境、上下文关系、处境等含义。语境即言语环境，它包括语言因素，也包括非语言因素。上下文、时间、空间、情景、对象、话语前提等与语词使用有关的都是语境因素。也就是说，从语境的角度来讲，特定文本的使用以及其意义的确定都是由语境决定的。"语境实际上就是一个事件发生的边界条件或者说背景预设，以及在这个背景预设中的各个要素及其结构关联。"[1]遗传密码作为分子生物学发展过程中的一个概念，它的产生与发展都在分子生物学理论发展的语境之下。因此，可以说遗传密码的特定意义是相对于特定语境而言的。

最后，语境是语形、语义、语用的统一。没有语形、语义、语用的统一就无法实现特定概念的语境意义。而特定概念的语形、语义、语用之间又是相互联系无法分割的。对于遗传密码而言，符号的语形表征作为基

---

[1] 郭贵春. 论语境. 哲学研究，1997，4：46-52.

础，成为遗传密码概念的载体。没有语形的表征，对其概念的语义解释便是一种空谈。对于特定语形表征的理解就必然会涉及对特定语形的语义解释。不同遗传密码的语形表征就会导致产生不同的语义解释。而语义解释的实现又无法脱离特定的语用环境。语用的范围界定了语义实现的边界，只有在特定语义边界下的语义解释，才能实现特定语形表征的具体意义，如遗传密码的例子，无逗点密码的语形、语义、语用的联系及展开。也就是说，没有语形语境就没有遗传密码的表征，没有语义语境就没有遗传密码的解释、说明和评价，而没有语用语境就没有遗传密码的发明。[1]因此，对遗传密码语境解释的本质就是其语形、语义、语用统一的实现。

下面从遗传密码的产生、发展及应用来分析遗传密码语境化的实现过程。

首先，对于遗传密码的产生而言，分子生物学家为了解决 DNA 到蛋白质的编码问题就必须构建一套恰当的生物学语言。将 DNA 结构与蛋白质结构之间关系的具体问题还原到符号操作的抽象问题上，并规定若干个初始假定。而不同的理论假定就规定了不同的形式表征，特定的理论假定限定了特定的符号系统，从而使得遗传密码的语形表征依赖于语境。例如，伽莫夫最初提出的菱形密码认为氨基酸是以 DNA 链直接作为模板合成的。不同的碱基组合沿着双螺旋的凹槽形成不同的模腔，氨基酸链就以嵌入模腔的形式形成（图 5.1）。而克里克提出的无逗点密码认为，RNA 链是 DNA 和蛋白质合成的中间体，并且氨基酸借助于连接物与 RNA 相互作用。所以氨基酸链的形成就被假设为小猪吮吸母猪乳头的形式。

其次，菱形密码中，为了最大限度地提高信息的储存和传输效率，密码子被假定为相互重叠的。而在无逗点密码中，密码子被认为是不相重叠的，从而相同的碱基链就会形成不同的密码子（图 5.3）。

最后，菱形密码中，认为菱形从一端向另一端、一侧向另一侧翻转时意义不会发生变化。因此，例如，GAC 与 CAG、GTC、CTG 都制定相同的氨基酸。而无逗点密码中的无逗点性决定了 AAA、CCC、GGG、UUU

---

[1] 郭贵春. 语境研究纲领与科学哲学的发展. 中国社会科学，2006，5：28-32.

为无义密码子。剩余的密码子按照循环排序的方式，3 个一组分成 20 组，如 AGU、UGA、UAG 制定相同的氨基酸。最终菱形密码与无逗点密码就分别形成了各自的密码表，如图 5.11 所示。

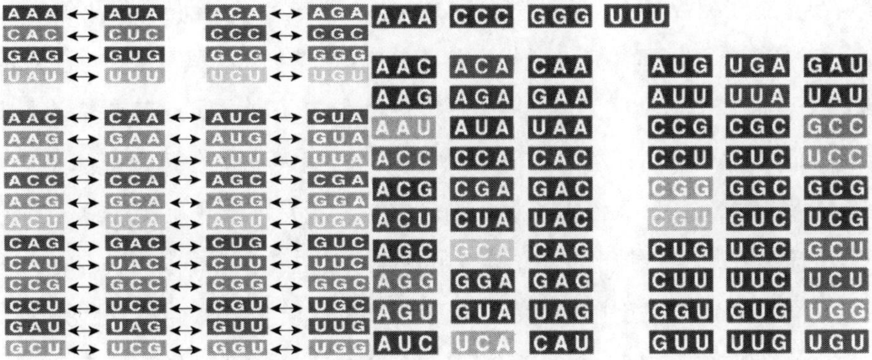

图 5.11　菱形密码表与无逗点密码表的对比

通过上面的分析，可以看出，无论是菱形密码还是无逗点密码，对哪一种密码的设计都是在给定边界的条件下进行的。这里的边界条件就限定了密码表征的语境。也就是说，任何一种遗传密码所表征的内容都不是由它的语言学结构单独决定的，而是由其语言学的结构与其密码表征的语境共同决定的。所以，一切语境都有着人类认识的局限所给定的形式边界，并且在这个界限内去发挥语义和语用的功能，这是我们思考一切科学理论解释的前提[①]。

不同遗传密码语形表征边界的确立，本身就限定了其语义解释的范围。也就是说，对遗传密码的语义解释也同样是依赖语境的。为了使抽象的遗传密码具体化，我们就必须对遗传密码的形式表征进行特定的语义解释。"而这种特定的语义解释就是由语用目的和特定的语形表征在不同语境前提下共同决定的。相同的语形在不同语境中可以有完全不同的语义解释。"[②]例如，在无逗点密码中，AAA、CCC、UUU、GGG 均为无义密码子，但是在自然密码中，它们就分别编码赖氨酸、脯氨酸、苯丙氨酸、甘

[①] 郭贵春. 语境的边界及其意义. 哲学研究，2009，2：96.
[②] 康仕慧. 当代数学哲学的语境选择及其意义. 哲学研究，2006，3：77.

氨酸。在自然密码的一般密码中，AUA 及 UGA 分别编码异亮氨酸和终止密码子，而在人的线粒体中它们则分别编码甲硫氨酸和色氨酸。一般密码子中的终止密码子 UAG 和 UAA 在草履虫的蛋白质合成过程中就分别编码谷氨酰胺和谷氨酸。再比如，UGA 通常是一个终止密码子，但它有时会编码第 21 种氨基酸——硒代半胱氨酸。目前的 20 种氨基酸也可能只是蛋白质进化过程中的一个阶段，在以后的蛋白质中可能会有更多的氨基酸，而现在具有简并性的密码子就可能分别编码不同的氨基酸。总而言之，语境的存在是遗传密码解释的前提。无论是在哪个层次的意义问题上，遗传密码符号表征的意义都是由其语形、语义、语用共同决定的。它们之间是一个无法分割的整体。同时，"任何一个语境要素的独立存在都是无意义的，任何要素都只能在与其他要素关联存在的具体或历史的语境中，才是富有生命力的"①。即"语境是解释中的语境，解释是给定语境中的解释"②。

所以，我们说，语境论的平台为不同时期遗传密码解释之间的对话提供了一个公共的平台；语境论的思想为认识和理解不同理论背景下的遗传密码提供了一个新的视角；语境分析的方法为全面理解与准确把握不同时期遗传密码的意义提供了一种新的思路。在对遗传密码理解的过程中，我们既不否定遗传密码的理论作用，承认其在蛋白质合成过程中的理论作用，也不过分滥用遗传密码的语义性质，将生物体的性状简单地分为基因编码与非编码。而是应该在特定的语用环境下对其特定的语形表达进行语境化的语义解释。因此，对于理解遗传密码的意义而言，语境有着十分重要的哲学意义。

首先，在本体论上，语境的依赖性成为遗传密码存在的合理性前提。正如前文所言，遗传密码的产生建立在符号操作的基础之上。在解决 DNA 结构和蛋白质结构之间的关系时，这个问题很快地被还原到符号操作的抽象问题上。在遗传密码的发生及发展的某些阶段中，从某种意义上

---

① 郭贵春. 语境分析的方法论意义. 山西大学学报，2000，3：1-6.
② 郭贵春. 语境的边界及其意义，哲学研究，2009，2：98.

讲，对遗传密码的假设论证的优劣性在一定程度上都超越了其经验的符合性。然而，语言或符号的隐喻充其量也只是有助于对生物学中编码概念的理解。归根结底，DNA 结构与蛋白质结构之间的关系是一种物质的结构关系，而不是一种语言。那么，在本体论上，究竟什么才是理解遗传密码的关键？语境论的本体论特征为其提供了一个基础，即"超越现实，走向可能"。这也就是郭贵春教授所说的："……这就迫使科学实在论者在理论解释中，从本体论的绝对性的抽象思辨走向本体论的多样结构性的具体阐释。"①

其次，在认识论上，对遗传密码的解释不再是绝对的非此即彼。例如，现在的密码子究竟是占有了生命的某种特征，是一成不变的，还是仅仅只是整个生物进化过程中的一个阶段？脱离了蛋白质合成的理论框架后，遗传密码是否能承担更多的理论作用？抑或是它仅仅只是一种语言式的隐喻？语境论的认识论特征强调，要"超越实体，走向语境"。也就是说，在认识论上，没有哪一种解释或者说明是绝对正确的或者唯一正确的。解释或说明在不同的语境中可以具有不同的意义，而不要求一种绝对的统一性。

最后，在方法论上，对遗传密码的分析不再是单一的、片面的、分割的，而是要实现在分子生物学横向理论及纵向理论发展的过程中，对遗传密码的形式表征、语义转换及语用意义的全面分析，即语境论的方法论特征所强调的"超越分割，走向整体"。

⟨本章小结⟩

本章从遗传密码概念的提出开始，详细讨论了遗传密码发现的逻辑，主要包括菱形密码、三角密码、无逗点密码、三联体密码的证明、遗传密码的破译等各个主要阶段的逻辑展开过程。之后，又阐述了遗传密码的语

---

① 郭贵春，殷杰. 科学哲学教程. 太原：山西科学技术出版社，2003：51.

义性质。然而，在遗传密码发展的过程中，人们对其概念的理解与诠释也在不断发生着变化。本章中论述了最具有代表性的三种观点：对遗传密码概念持否定态度的学者认为遗传密码的概念原本就没有承担解释的效力，或者遗传密码的概念原本具有解释效力，但是随着分子生物学的发展已经无法承担这种效力；比较温和的观点认为遗传密码只具有一种有限的理论作用，即遗传密码的概念只在蛋白质合成的过程中承担了解释效力，做出了理论上的贡献；支持者认为可以从遗传信息的角度实现对遗传密码概念的辩护。然而，我们认为，在现代分子生物学的语境下，对遗传密码概念的理解应该尽量避免这种非此即彼的思维方式，而是应该在特定的语义边界下对其进行特定的语义解释。无论是从遗传密码符号操作性的角度，还是从语境含义的角度或者是从语形、语义、语用的统一的角度来讲，语境对于遗传密码概念的解释都具有十分重要的意义。首先，在本体论上，语境的依赖性成为遗传密码存在的合理性前提。其次，在认识论上，对遗传密码的解释不再是绝对的非此即彼。最后，在方法论上，对遗传密码的分析不再是单一的、片面的、分割的。而是，要实现在分子生物学横向理论及纵向理论发展的过程中，对遗传密码的形式表征、语义转换及语用意义的全面分析，即语境论的方法论特征所强调的"超越分割，走向整体"。

结束语
语义分析方法在分子生物学理论研究中的意义

20世纪中叶分子生物学革命的发生，使得世界范围内掀起了一场研究生物学的热潮，生物学成为继相对论和量子力学革命以来发展最快、成就最多的学科之一。分子生物学理论的巨大成就，对人类的认识论、思维方式及社会发展都产生了很大的影响。生物学哲学同时也受到了越来越多的国内外学者的关注。在第一章第一节中，我们讨论了生物学哲学产生的背景与原因。可以发现，生物学哲学发展至今只经历了短短的几十年。然而，在这短短的几十年中，生物学哲学领域迅速地扩张，无论是在研究内容还是学科建制方面都已经形成了一个庞大的体系。虽然，生物学哲学研究比较离散，但是，广义地讲，可以将生物学哲学的研究分为两种类型：对生物学问题中概念的研究以及将生物学的解释作为基础去解决外在于生物学哲学的问题[1]。这里我们主要关注对生物学问题中概念的研究。

从英美分析哲学的角度来讲，使用语义分析的方法对生物学哲学进行研究本身就是有传统的。同时，生物学中的大多数问题都是需要概念澄清的。例如，对于分子生物学而言，几乎所有的关于分子生物学中的生物现象与生物过程都是围绕其学科的核心概念（如基因、中心法则、遗传密码、遗传信息等）按部就班地来展开的。语义分析方法的灵活性，使得其能够更好地融入到科学哲学的研究中，并且还能够比较好地与其他的研究形成多种交流。具体到生物学哲学中，语义分析的方法不仅能够满足对生物学研究的跨学科性，还能够突出生物学研究不同于一般科学哲学的特点。再者，随着生物学理论的发展，想要给生物学的概念确定一个具体的研究边界十分困难，这就使得在生物学中经常会出现概念变迁的现象。这也使得对概念语义分析的方法在生物学中的应用十分频繁。就像罗森伯格所说的那样：虽然，达尔文的理论摆脱了有神论的束缚，较易于与其他的学科相交流。它提出了一种纯粹的因果关系的、没有目的性的生物过程和构造的解释，是一种非常科学的，并且具有吸引力的理论。但是，他的理论往往都具有概念上的问题，经常会造成对其理论的误解[2]。

---

[1] Matthen M, Stephens C. Philosophy of Biology. Amsterdam：Elsevier, 2007：xii.

[2] Rosenberg A, McShea D W. Philosophy of Biology：A Contemporary Introduction. London：Routledge, 2008：30.

然而，自从分析哲学的传统被引入到生物学哲学的研究中以后，分析的研究方法在生物学哲学的研究中也一直存在着争议。从目前一般的概念分析的方法来看也都存在着一定的局限性。比如，目前的概念分析的方法很多时候都仅仅只是强调一些概念在语义上的差别，而忽略了概念在不同语形表达系统中的结构形式及语用过程。产生这种现象的一个很重要的原因就是一般的概念分析的方法都缺乏对概念所处的语境的分析。而本书正是在语境论的基底上，使用语义分析的方法对分子生物学中的核心概念进行了具体的分析。

确定概念的指称是阐释分子生物学理论结构与意义的基础。"科学概念的本质就在于它是理论对客观实在进行语言重构的基元，是科学理论的形式化体系与实体对象之间的一致性的体现。"例如，如何去构造基因理论以及阐释基因概念的意义，其前提就在于首先要精确确定基因概念的指称。因为，指称才是连接客观世界与词语表达之间的枢纽。同样，也只有确定了特定语境下基因概念的所指，我们才能构造与解释在这一语境下基因概念的意义。而语义分析的方法正是确定分子生物学概念指称的一种十分重要的途径。例如，在确定基因概念指称的过程中，语义分析统一了基因概念的能指与所指之间一切显性的（可观察的）和隐性的（不可观察的）联系。当然，这种联系并不是一种外在的、经验的或者直觉的，而是通过语义分析的方法建立的一种内在的、具体的、本质的关联。这种内在的、具体的、本质的关联确定了基因概念与指称间一致性的统一。也正是这种统一，使得基因概念的语义空间获得确定的实体定位，并在实体与基因概念的符号表征之间构设了由此达彼相互转化的中介环节。如果从科学实在论的角度来看，这里的指称指的就是基因概念与实体间的一种具体的关联，而不是概念与世界之间，或者概念与句法之间，以及概念与现象之间的抽象的、形式化的、经验的关联。所以，语义分析的方法对于分析生物学中概念指称的确定是一种十分重要的途径。尤其是在科学实在论的基础上，它"不仅可以摆脱和批判各种机械论、经验论和工具论因在逻辑上节节后退而最终消除语义的困境，也可以为坚持生物实在论寻找到一条合理的途径"①。

但是，对于目前的分子生物学而言，想要给出一个确定的概念指称是比较困难的。因为，分子生物学的理论具有很强的语境依赖性，它的许多概念很多时候都是处在一个变化之中。产生这种现象的原因主要有以下两点。

第一，生物学的研究呈现出明显的历史性与经验性。从历史性的角度来讲，人类对生物现象的认识都是处在生物进化的漫长连续时空的长河之中的。因此，任何一个生物学理论都是对这种连续时空环境的分解后，所得到的人类对生物现象与生物过程的认识和总结。所以，我们所面对的生物学理论都是在其所处的认识语境下所形成的。具体到分子生物学中，其核心概念的语义变迁都是在分子生物学理论纵向语境的不断变化中实现的，即在分子生物学理论纵向发展的过程中，其概念是在一次次不断地语境化与再语境化的过程中实现的（书中讨论了基因、中心法则、遗传信息及遗传密码的这种语境依赖性的语义变迁）。从经验性的角度来讲，在生物学中，无论是对宏观机制的认识，还是对微观机制的解释都具有一定的经验性。而这种经验性的特点同样要求生物学概念的语境依赖性。比如，宏观层面食物链规模及群体的自然选择等，微观层面的分子生物学理论等。在分子生物学中，绝大多数的理论都在满足化学、物理规则的同时又在理论结构上表现出自身的一种独特性（如遗传信息、遗传密码等的概念）。这也就是为什么还原方法在分子生物学中应用取得成功的同时，还原论的思维却在某种程度上遭到了反对（参见第二章第二节）。在面对分子生物学中的概念时，我们既要尽可能地实现其在理论与语言层面的规范与整理，又要尽量地保障其在经验事实上的使用。此时，语境的研究纲领就为这个问题的消解提供了一个平台。只有在语境的基底上对分子生物学中的概念进行语义分析，才能实现其在特定语境下的确切语义。同时，也只有在语境的基底上对分子生物学中的概念进行语义分析，才能避免其在

---

① 郭贵春. 语义分析方法与科学实在论. 社会科学战线，1992，1：42-48.

经验事实与概念争议之间两难选择的困境。

第二，就目前生物学理论发展的情况来看，根本无法找到一个完整的理论集合去实现对所有生物学领域的覆盖。我们对很多生物领域现象的解释都是具有语境依赖性的。换句话说，生物学中的概念都是在相应理论中语境化了的概念。然而，并不是将目前所有的理论通过简单的叠加或者整合就能够实现对自然的真实还原。每一种理论，在自然进化的过程中，都有可能在某些条件下发挥过重要的作用。因此，想要实现对生物学的全面解释，就要对特定理论中单一的因果关系进行具体的拆分，从而实现其概念在特定理论基础上的语境化。同时，目前的生物学理论对生物现象的解释都或多或少地存在着某些隐变量。想要更大程度地去挖掘这些隐变量，语境论基础上的语义分析就成为一种不可或缺的方法。语境论基础上的语义分析就好比是一个筛选器，它可以从各种复杂的、杂乱无章的解释项中，筛选出一个最优语境下的解释项，从而再通过语境化的过程建立一个最佳的理论解释。这也正是为什么我们说，"在研究过程中面对变与不变的解释困境时，总是'自觉地选择把什么当成是真的，把什么当成是构建的'。而实现这种'自觉选择'的方法便是语义上升和语义下降"[①]。

也正是在这个意义上，我们说语义分析的方法对于分子生物学理论的研究具有重要的意义。例如，对于分子生物学理论解释是否满足在经验上合理性的问题。所有的生物学理论都是通过生物学语言来表达的，而这种语言表达的合理性前提就在于其经验上的有意义性。随着分子生物学的发展，其研究领域在不断超越着人类的经验范围。在这样的情况下，分子生物学语言的选择就尤其地对分子生物学理论的进步与发展起着十分重要的作用。关于在远离经验的情况下，如何去解释分子生物学理论在经验上的有意义性与合理性，一种十分重要的保证方式就是语义分析的方法。例如，在分子生物学中，其理论结构的特殊性使得其语言表述也具有明显的

---

① 杨维恒，郭贵春. 生物学中信息概念的语义分析. 自然辩证法研究，2013，8：20-25.

结构性。分子生物学层面的很多表述都沿用了生物化学或者 X 射线晶体学等基础学科的表述，而生物化学层面的许多表述又都沿用了更基础的学科物理学或者化学的表述。这样一来，各层次之间就形成了一种有逻辑的整体的结构体系。不同的层次之间既相互联系又相互制约。尤其是低层次的语言表述会更多地影响高层次的学科理论。如何去保证这个结构体系的整体性与功能性以及不同层次的理论在经验上的合理性？语义分析的方法是一种很重要的方式。对于低层次语义解释的实现是保证高层次的理论表述的基础，对于不同层次科学语言的语义分析是保证不同层次间理论合理性的基础，而对于基础的层次而言，语义分析的方法更是"要在测量系统、测量现象、测量事实与理论的形式化表征之间，给出确定的语义关系，从而保证理论在测量经验上的合理性和完备性"[1]。

因此，在书中我们多次使用语义上升和语义下降的方法对分子生物学中的概念进行语境化的语义分析（具体内容参见第三章第二节及第四章第四节等）。

这样一来，从方法论的角度讲，我们对分子生物学中概念的语义分析就不再是单一的、片面的、分割的，或者是只通过简单的理论叠加来实现对自然过程的还原。而是通过对分子生物学中概念的形式表征、语义转换及语用意义的全面分析，实现对不同理论结构下概念的差异化的语境分析。从而实现在方法论上的一种自明性，即在方法论上强调"超越分割，走向整体"。

从认识论的角度讲，我们对分子生物学中概念的认识就不再是绝对的非黑即白、非此即彼，而是要"超越实体，走向语境"。即在认识论上，没有哪一种解释或者说明是绝对正确的或者唯一正确的。解释或说明在不同的语境中可以具有不同的意义，而不要求一种绝对的统一性。在不同的语境化的理论下，有可能会实现对生物现象更大程度的新发现。

从本体论的角度讲，我们对分子生物学中概念的确认就不再是一种绝

---

[1] 郭贵春. 语义分析方法与科学实在论的进步. 中国社会科学，2008，5: 54-64.

对的抽象思辨，而是一种走向本体论的多样结构性。语境的依赖性成为分子生物学概念合理存在的前提，即在本体论上"超越现实，走向可能"。就如郭贵春教授所言："……这就迫使科学实在论者在理论解释中，从本体论的绝对性的抽象思辨走向本体论的多样结构性的具体阐释。"①

当然，我们在书中已经总结了语义分析方法对于分子生物学理论研究的意义与功能（具体参见第一章第二节）。但是，本书的最后我们需要再次强调的是，语义分析作为生物学哲学研究中的一个重要的研究方法，仅仅只是对生物学理论构造与解释的多种研究方法中的一种。如果过分地、片面地或者绝对地强调生物学理论研究中语义分析方法的意义与功能，就会造成语义主义的错误。再者，对分子生物学中概念的语义分析应该是一种语境论基础上的语义分析。这样既可以避免传统的生物学哲学中对还原论与实证主义的争论，也可以实现对分子生物学理论宏观结构上的探讨。

---

① 郭贵春，殷杰. 科学哲学教程. 太原：山西科学技术出版社，2003：51.

参考文献

埃尔温·薛定谔. 2005. 生命是什么. 罗来欧, 罗辽复译. 长沙：湖南科学技术出版社.
艾伦 G E. 1985. 二十世纪的生命科学. 谭茜等译. 北京：北京师范大学出版社.
安军, 郭贵春. 2006. 隐喻与科学实在论. 科学技术与辩证法, 3：62-66.
安军, 郭贵春. 2008. 科学隐喻认知结构与运作机制. 科学技术与辩证法, 10：1.
白玄, 柳郁. 2000. 基因的革命. 北京：中央文献出版社.
保罗·利科. 2004. 活的隐喻. 汪堂家译. 上海：上海译文出版社.
陈嘉映. 2012. 回应成素梅和郁振华. 哲学分析, 4：31.
陈世骧. 1987. 进化论与分类学. 北京：科学出版社.
成素梅. 2005. 科学知识社会学的宣言：与哈里·柯林斯的访谈录. 哲学动态,（10）：51-56.
成素梅. 2007. 语境主义科学哲学的基本原理及科学进步观. 洛阳师范学院学报, 3：27-33.
成素梅, 郭贵春. 2002. 论科学解释语境与语境分析方法. 自然辩证法通讯, 2：24-30.
达尔文. 1957. 动物和植物在家养下的变异. 方宗熙等译. 北京：科学出版社.
刁生富. 2000. 中心法则与现代生物学的发展. 自然辩证法研究, 9：51-55.
董国安. 2002. 关注理论生物学创新的基础. 自然辩证法研究, 9：15-18.
恩斯特·迈尔. 1993. 生物学哲学. 涂长晟等译. 沈阳：辽宁教育出版社.
恩斯特·迈尔. 2010. 生物学思想发展的历史. 涂长晟等译. 成都：四川教育出版社.
方舟子. 2007. 寻找生命的逻辑：生物学观念的发展. 上海：上海交通大学出版社.
弗肯斯坦. 1974. 生物学和物理学//外国自然科学哲学摘译. 上海：上海人民出版社.
弗朗西斯科·乔·阿耶拉, 约翰·亚·基杰. 1987. 现代遗传学. 蔡武城等译. 长沙：湖南科学技术出版社.
郭贵春. 1989. 语义分析方法在现代物理学中的地位. 山西大学学报, 1：23-29.
郭贵春. 1990. 语义分析方法的本质. 科学技术与辩证法, 2：1-6.
郭贵春. 1991. 当代科学实在论. 北京：科学出版社.
郭贵春. 1991. 科学理论的语义分析——科学实在论的重要研究方法. 社会科学研究, 3：43.
郭贵春. 1992. 语义分析方法与科学实在论. 社会科学战线, 1：42-48.
郭贵春. 1997. 论语境. 哲学研究, 4：46-52.

郭贵春. 1999. 语用分析方法的意义. 哲学研究, 5：70-77.
郭贵春. 2000. 语境分析的方法论意义. 山西大学学报, 3：1-6.
郭贵春. 2004. 科学实在论的方法论辩护. 北京：科学出版社.
郭贵春. 2004. 科学隐喻的方法论意义. 中国社会科学, 2：7.
郭贵春. 2006. 语境研究纲领与科学哲学的发展. 中国社会科学, 5：28-32.
郭贵春. 2008. 语义分析方法与科学实在论的进步. 中国社会科学, 5：54-64.
郭贵春. 2009. 语境的边界及其意义. 哲学研究, 2：98.
郭贵春. 2011. 语境论的魅力及其历史意义. 科学技术哲学研究, 1：1-4.
郭贵春. 2016. 科学研究中的意义构建问题. 中国社会科学, 2：19-36.
郭贵春, 杨维恒. 2012. 中心法则的意义分析. 自然辩证法研究, 5：1-5.
郭贵春, 殷杰. 2003. 科学哲学教程. 太原：山西科学技术出版社.
郭贵春, 赵斌. 2007. 分子生物学符号的操作性及其在学科传播中的意义. 自然辩证法研究, 3：22-26.
郭贵春, 赵斌. 2007. 分子生物学符号体系的产生及其特点. 科学技术与辩证法, 6：35-39.
郭贵春, 赵斌. 2008. 生物学解释的语境演变. 山西大学学报（哲学社会科学版）, 1：1-5.
郭贵春, 赵斌. 2010. 生物学理论基础的语义分析. 中国社会科学, 2：15-27.
海森堡 W. 1973. 严密自然科学基础近年来的变化. 上海：上海译文出版社.
河北师范大学, 新乡师范学院, 北京师范学院, 等. 1982. 遗传学. 北京：人民教育出版社.
亨德莱. 1977. 生物学与人类的未来. 上海生物化学所等译, 北京：科学出版社.
亨斯·斯多倍. 1981. 遗传学史——从史前到孟德尔定律的重新发现. 赵寿元译. 上海：上海科学技术出版社.
洪谦. 1984. 逻辑经验主义（下卷）. 北京：商务印书馆.
胡丹丹, 刘哲, 邵淑娟, 等. 2013. 虹鳟 MHC-UBA 基因遗传多样性分析. 生物技术通报, 7：103.
胡文耕. 1979. 遗传物质的认识史. 自然辩证法通讯, 4：70-77.
胡文耕. 1982. 分子生物学中的哲学问题. 天津：天津人民出版社.
胡文耕. 1998. 世纪之交的生物学哲学. 1998 年生物学哲学学术讨论会论文集.
胡文耕. 2002. 生物学哲学. 北京：中国社会科学出版社.
黄天授. 1999. 面向 21 世纪的生物学哲学. 自然辩证法研究, 2：1-4.
霍格兰 M. 1986. 探索 DNA 的奥秘. 彭秀玲译. 上海：上海翻译出版社.
康仕慧. 2006. 当代数学哲学的语境选择及其意义. 哲学研究, 3：77.
雷瑞鹏, 殷正坤. 2004. 对遗传密码的哲学思考. 自然辩证法通讯, 6：33-36.

李建会. 1996. 生命科学哲学的兴起. 自然辩证法研究, 4: 39-44.
李建会. 1999. 二十世纪的生命科学哲学. 自然辩证法通讯, 1: 5.
李建会. 2010. 当代西方生物学哲学：研究概况、路径及主要问题. 自然辩证法研究, 7: 7-11.
李金辉. 2010. 生物学解释模式的语境分析. 自然辩证法通讯, 3: 11.
李政道. 1999. 展望21世纪科学发展前景. 深圳特区经济, 2: 1-2.
梁正兰. 1956. 辩证唯物主义诸范畴在生物学中的体现. 自然辩证法研究通讯, 0: 69-71.
林从一. 2007. 阅读生命之书的信息. 欧美研究, 37（1）: 111-181.
林定夷. 1990. 论科学理论之还原. 自然辩证法通讯, 4: 8-17.
卢良恕. 1996. 世界著名科学家传记（生物学家Ⅱ）. 北京：科学出版社.
马里奥·邦格. 2003. 物理学哲学. 颜锋，刘文霞译. 石家庄：河北科学技术出版社.
孟德尔 G, 等. 1984. 遗传学经典论文集. 梁宏，王斌译. 北京：科学出版社.
摩尔根 T H. 1959. 基因论. 卢惠霖译. 北京：科学出版社.
莫里茨·石里克. 1984. 自然哲学. 陈维杭译. 北京：商务印书馆.
尼古拉斯·布宁，余纪元. 2001. 西方哲学英汉对照辞典. 北京：人民出版社.
诺伯特·维纳. 2009. 控制论——关于在动物和机器中控制和通讯的科学. 郝季仁译. 北京：科学出版社.
欧阳莹之. 2002. 复杂系统理论. 田宝国，周亚，樊瑛译. 上海：上海科技教育出版社.
孙慕天. 2006. 跋涉的理性. 北京：科学出版社.
谈家桢. 1980. 遗传学的发展和实践. 自然辩证法通讯, 1: 66.
王沛，吕金虎. 2013. 基因调控网络的控制：机遇与挑战. 自动化学报, 12: 1969-1979.
王天恩. 1992. 日常概念、哲学概念和科学概念. 江西社会科学, 3: 48.
沃森，克里克. 1974. 核酸的分子结构——脱氧核糖核酸的一个结构模型. 庚镇城译. 自然, 171: 737-738.
沃森 J D, 贝克 T A, 贝尔 S P, 等. 2009. 基因的分子生物学（第六版）. 杨焕明译. 北京：科学出版社.
吴家睿. 2007. 后基因组时代的思考. 上海：上海科学技术出版社.
亚里士多德. 1982. 物理学. 张竹明译. 北京：商务印书馆.
杨维恒，郭贵春. 2013. 生物学中信息概念的语义分析. 自然辩证法研究, 8: 20-25.
詹姆斯·沃森. 2001. 双螺旋——发现DNA结构的个人经历. 田洺译. 北京：生活·读书·新知三联书店.
张华夏. 2005. 兼容与超越还原论的研究纲领——理清近年来有关还原论的哲学争论.

哲学研究，7：115-120.

张乃烈. 1993. 基因发现的逻辑. 北京：社会科学文献出版社.

赵斌. 2012. 生物学哲学研究的历史沿革与展望. 科学技术哲学研究，4：31-35.

赵斌. 2012. 语境与生物学理论的结构. 山西大学博士学位论文.

赵敦华. 2001. 西方哲学简史. 北京：北京大学出版社.

赵功民. 1985. 分子生物学的发生、发展及其哲学意义. 哲学动态，5：27-32.

赵铁桥. 1995. 系统生物学的概念与方法. 北京：科学出版社.

Allen G. 1978. Life Science in the Twentieth Centure. Cambridge：Cambridge University Press.

Avital E, Jablonka E. 2000. Animal Traditions：Behavioural Inheritance in Evolution. Cambridge：Cambridge University Press.

Ayala F J, Arp R. 2009. Contemporary Debates in Philosophy of Biology. Malden：Wiley Blackwell.

Balzer W, Sneed J. 1977. Generalized net structures of empirical theories I. Studia Logica.

Balzer W, Dawe C M. 1986. Structure and comparison of genetic theories：（2）the reduction of character-factor genetics to molecular genetics. British Journal for the Philosophy of Scienc, 37（2）：177-191.

Beadle G, Tatum E. 1941. Genetic control of biochemical reactions in neurospora. Proceedings of the National Academy of Sciences of the United States of America, 27：499-506.

Benson M J. 1992. Beyond the reaction range concept：A developmental, contextual, and situational model of the heredity-environment interplay. Human Relations, 45（9）：937-956.

Brenner S. 1954. On the impossibility of all overlapping triplet codes in information transfer from nucleic acid to proteins. Proceedings of the Biologiste Meddelelser, 22：1-13.

Brett C. 2014. The creation and reuse of information in gene regulatory networks. Philosophy of Science, 81（4）：879-890.

Brown T L. 2003. Making Truth. Chicago：University of Illinois Press.

Byron J M. 2007. Whence philosophy of biology. The British Journal for the Philosophy of Science,（58）：418-419.

Cattaneo R. 1991. Different types of messenger RNA editing. Annual Review of Genetics, 25：71-88.

Crick F. 1958. On protein synthesis. Symposium of the Society for Experimental Biology, 12：138-163.

Crick F. 1966. Codon-anticodon pairing：The wobble hypothesis. Journal of Molecular Biology, 19（2）：548-555.

Crick F. 1966. Of Molecules and Men. Seattle: University of Washington Press.

Crick F. 1966. The genetic code—yesterday, today and tomorrow//Grassi C, Peona V. The Genetic Code, Proceedings of the XXXI Cold Spring Harbor Symposium on Quantitative Biology. Cold Spring Harbor: Cold Spring Harbor Laboratory of Quantitative Biology: 3-9.

Crick F. 1988. What Mad Pursuit: A Personal View of Scientific Discovery. New York: Basic Books.

Crick F, Barnett L, Brenner S, et al. 1961. General nature of the genetic code for proteins. Nature, 192: 1227-1232.

Crick F, Griffith J S, Orgel L E. 1957. Codes without commas. Proceedings of the National Academy of Sciences of the U. S. A., 43: 416-421.

David H, Hurst L D. 1991. A quantitative measure of error minimization in the genetic code. Journal of Molecular Evolution, 33: 412-417.

Davis S, Gillon B S. Semantics. Oxford: Oxford University Press.

Dretske F. 1981. Knowledge and the Flow of Information. Cambridge: MIT Press.

Dunn L C. 1965. A Short History of Genetics. New York: McGraw Hill.

Ephrussi B, Leopold U, Watson J D, et al. 1953. Terminology in bacterial genetics. Nature, 171: 701.

Ernest L. 1983. What model theoretic semantics cannot do? Synthese, 54 (2): 167-187.

Frank S A. 2012. Natural selection. V. How to read the fundamental equations of evolutionary change in terms of information theory. Journal of Evolutionary Biology, 25: 2377-2396.

Gamow G. 1954. Possible relation between deoxyribonucleic acid and protein structures. Nature, 173: 318.

Gamow G. 1957. Possible mathematical relation between deoxyribonucleic acid and proteins. Det Kongelige Danske Videnskabernes Selskab, National Academy of Sciences of the U. S. A., 43: 687-694.

Gilbert S. 1997. Developmental Biology. 5th ed. Sunderland: Sinauer.

Goldman I A. 1986. Epistemology and Cognition. Cambridge: Harvard University Press.

Golomb S. 1962. Efficient coding for the desoxy ribonucleic channel. Proceedings of Symposia in Applied Mathematics, 14: 87-100.

Golomb S, Welch L R, Delbruck M. 1958. Construction and properties of comma-free codes. Det Kongelige Danske Videnskabernes Selskab, Biologiske Meddelelser, 23 (9): 1-34.

Gompel N, Prud' homme B, Wittkopp P J, et al. 2005. Chance caught on the wing:

Cis-regulatory evolution and the origin of pigment patterns in drosophila. Nature, 433 (7025): 481-487.

Goosens W K. 1978. Reduction by molecular genetics. Philosophy of Science, 45: 93.

Grene M, Depew D. 2004. The Philosophy of Biology: An Episodic History. New York: Cambridge University Press.

Griffiths P, Gray R. 1994. Developmental systems and evolutionary explanation. Journal of Philosophy, 91 (6): 277-304.

Hauser M D, Chomsky N, Fitch W T. 2002. The faculty of language: What is it, who has it, and how did it evolve? Science, 298: 5598, 1569-1579.

Hayes B. 1998. Computing science: The invention of the genetic code. American Scientist, 86 (1): 8-14.

Hayes S, Reese H, Sarbin T. 1993. Varieties of Scientific Contextualism. Reno: Context Press.

Holtzman N. 1989. Proceed with Caution. Baltimore: The Johns Hopkins University Press.

Huang S. 2000. The practical problems of post-genomic biology. Nature Biotechnology, 18: 471-472.

Hull D. 1972. Reduction in genetics—Biology or philosophy? Philosophy of Science, 39 (4): 491-499.

Hull D. 1974. Informal aspects of theory reduction. Proceedings of the Biennial Meeting of the Philosophy of Science, 1974: 653-670.

Hull D. 1974. Philosophy of Biological Science. Englewood Cliffs: Prentice-Hall.

Hyman B C, Azevedo J L. 1996. Similar evolutionary patterning among repeated and single copy nematode mitochondrial genes. Molecular Biology and Evolution, 13 (1): 221-232.

Ilkka N. 1999. Critical Scientific Realism. Oxford: Oxford University Press.

Jablonka E, Lamb M J. 2005. Evolution in Four Dimensions: Genetic, Epigenetic, Behavioral, and Symbolic Variation in the History of Life. Cambridge: MIT Press.

Jablonka E, Szathmary E. 1995. The evolution of information storage and heredity. Trends in Ecology and Evolution, 10: 206-211.

Jablonka E. 2002, Information: Its interpretation, its inheritance, and its sharing. Philosophy of Science, 69 (4): 578-605.

James G. 2000. The informational gene and the substantial body: On the generalization of evolutionary theory by abstraction//Cartwright N, Jones M. Varieties of Idealization. Amsterdam: Rodopi: 59-116.

James P. 2001. Highlights of recent epistemology. British Journal for the Philosophy of

Science, 52: 96.

Kay L E. 2000. Who Wrote the Book of Life: A History of the Genetic Code. Palo Alto: Stanford University Press.

Khorana H. 1973. Nucleic acid synthesis in the study of the genetic code//Nobel Lectures: Physiology or Medicine (1963-1970). New York: American Elsevier Publishing Company: 350-356.

Kitcher P. 1982. Genes. The British Journal for the Philosophy of Science, 33: 337-359.

Kitcher P. 1993. Function and design. Midwest Studies in Philosophy, 18: 379-397.

Kitcher P. 2000. Battling the undead: How (and how not) to resist genetic determinism//Singh S, Krimbas B, Paul D, et al. Thinking about Evolution: Historical, Philosophical and Political Perspectives. Cambridge: Cambridge University Press: 396.

Lagerkvist U. 1978. Two out of three: An alternative method for codon reading. PNAS, 75 (4): 1759, 1762.

Leder P, Nirenberg M. 1964. RNA code words and protein synthesis, II. Nucleotide sequence of a valine RNA codeword. Proceedings of the National Academy of Sciences of the U. S. A., 52: 420-427.

Lederberg J. 1956. Comments on the gene-enzyme relationship//Gaebler O H. Enzymes: Units of Biological Structure and Function. New York: Academic Publishers: 161-169.

Lewontin R C. 1983. Gene, organism, and environment//Bendall D S. Evolution: From Molecules to Men. Cambridge: Cambridge University Press: 273-285.

Matthaei J H, Nirenberg M W. 1961. Characteristics and stabilization of DNase sensitive protein synthesis in *E. coli* extracts., 47: 1580-1588.

Matthen M, Stephens C. 2007. Philosophy of Biology. Amsterdam: Elsevier.

Mazia D. 1956. Nuclear products and nuclear reproduction//Gaebler O H. Enzymes: Units of Biological Structure and Function. New York: Academic Publishers: 261-278.

Morgan. 2010. Laws of biological design: A reply to John Beatty. Biology and Philosophy, 25 (3): 379-389.

Nirenberg M. 1973. The Genetic code//Nobel Lectures: Physiology or Medicine (1963~1970). New York: American Elsevier Publishing Company: 375-392.

Nirenberg M, Leder P. 1964. RNA Code words and protein synthesis—The effect of trinucleotides upon the binding of srnato ribosomes. Science, 145: 1399-1407.

Nirenberg M, Martin R, Matthaei J, et al. 1962. Ribonucleotide composition of the genetic code. Biochemical and Biophysical Research Communications, 6: 410-414.

Nirenberg M, Matthaei J H. 1961. The dependence of cell-free protein synthesis in *E. coli* upon naturally occurring or synthetic polyribonucleotides. Proceedings of the National

Academy of Sciences of the U. S. A., 47: 1588-1602.

Ochoa S, Basilio C, Wahea A, et al. 1962. Synthetic polynucleotides and the amino acid code. V Science, 48: 613-616.

Orel V. 1996. Gregor Mendel: The First Geneticist. Finn S trans. Oxford, New York, Tokyo: Oxford University Press.

Orgel L E. 1968. Evolution of genetic apparatus. Journal of Molecular Biology, 38: 381.

Putam H. 1984. Mind, Language and Reality. New York: Cambridge University Press.

Quastler H. 1958. The status of information theory in biology: A round-table discussion//Yockey H P. Symposium on Information Theory in Biology. New York: Pergamon Press: 399-402.

Robert L S. 1959. Is the nucleic acid message in a two-symbol code? Journal of Molecular Biology, 1: 218-220.

Rosenberg A. 1978. The supervenience of biological concepts. Philosophy of Science, 45 (3): 368-386.

Rosenberg A. 1985. The Structure of Biological Science. Cambridge: Cambridge University Press.

Rosenberg A, McShea D W. 2008. Philosophy of Biology: A Contemporary Introduction. London: Routledge.

Ruse M. 1973. Philosophy of Biology. London: Hutchinson & Co. Ltd.

Ruse M. 1984. Reduction in genetics//Sober E. Conceptual Issues of Evolutionary Biology. Cambridge, London: MIT Press: 447-452.

Ruse M. 1989. What the Philosophy of Biology Is. New York: Kluwer Acadmic Publishers.

Saccone C, de Giorgi C, Gissi C, et al. 1999. Evolutionary genomics in metazoa: The mithochondrial DNA as a model system, Gene, 238: 195-209.

Salmon W C. 2005. Scientific realism in the empiricist tradition//Dowe P, Salmon M H. Reality and Rationality. Oxford: Oxford University Press: 21.

Salmon W C. 2005. An empiricist argument for realism//Dowe P, Salmon M H. Reality and Rationality. Oxford: Oxford. University Press: 43-44.

Sarkar S. 1991. What is life? Revisited. BioScience, 41: 631-634.

Sarkar S. 1992. On fluctuation analysis: A new, simple, and efficient method for computing the expected number of mutants. Genetica, 85 (2): 173-179.

Sarkar S. 1996. Biological information: A skeptical look at some central dogmas of molecular biology//Sarkar S. The Philosophy and History of Molecular Biology: New Perspectives. Dordrecht (the Netherlands): Kluwer: 187-231.

Sarkar S. 1996. Decoding "coding": Information and DNA. BioScience, 46 (11): 857-

864.

Sarkar S. 1998. Genetics and Reductionism. Cambridge: Cambridge University Press.

Sarkar S. 1999. The Philosophy and History of Molecular Biology: New Perspectives. New York: Kluwer Academic Publishers.

Sarkar S. 2000. Information in genetics and developmental biology: Comments on Maynard Smith. Philosophy of Science, 67: 208-213.

Sarkar S. 2005. Molecular Models of Life: Philosophical Papers on Molecular Biology. Cambridge: MIT Press.

Sattler R. 1986. Biophilosophy. Heidelberg: Springer Verlag.

Schaffner K. 1967. Approaches to reduction. Philosophy of Science, 34: 137-147.

Searle J. 2009. What is language: Some preliminary remarks. Etica & Politica/Ethics & Politics, XI: 173-202.

Smith J M. 1982. Evolution and the Theory of Games. Cambridge: Cambridge University Press.

Smith J M. 1989. Evolutionary Genetics. Oxford: Oxford University Press.

Smith J M. 2000. Reply to commentaries. Philosophy of Science, 67 (2): 214-218.

Smith J M. 2000. The concept of information in biology. Philosophy of Science, 67: 183-184.

Smith J M, Szathmary E. 1995. The Major Transitions in Evolution. Oxford: W. H. Freeman.

Smith P G. 1999. Genes and codes: Lessons from the philosophy of mind? //Hardcastle V G. Biology Meets Psychology: Constraints, Conjectures, Connections. Cambridge: MIT Press: 305-331.

Smith P G. 2000. Information, arbitrariness, and selection: Comments on Maynard Smith. Philosophy of Science, 67: 204.

Smith P G. 2000. On the theoretical role of "genetic coding". Philosophy of Science, 67: 26.

Smith P G. 2007. Information in biology//Hull D, Ruse M. The Cambridge Companion to the Philosophy of Biology. Cambridge: Cambridge University Press: 103-119.

Smocovitis V B. 1996. Unifying Biology: The Evolutionary Synthesis and Evolutionary Biology. Princeton: Princeton University Press.

Sober E. 1993. Philosophy of Biology. Boulder: Westview Press.

Spiegelman S. 1956. On the nature of the enzyme-formation system//Gaebler O H. Enzymes: Units of Biological Structure and Function. New York: Academic Publishers: 67-92.

Stegmann U. 2004. The arbitrariness of the genetic code. Biology and Philosophy, 19: 219.

Sterelny K, Smith K, Dickison M. 1996. The extended replicator. Biology and Philosophy, 11: 377-403.

Suppc F. 1989. The Semantic Conception of Theories and Scientific Realism. Chicago: University of Illinois Press.

Susan O. 1985. The Ontogeny of Information: Developmental Systems and Evolution. Cambridge: Cambridge University Press.

Thompsom P. 1989. The Structure of Biological Theories. New York: State University of New York Press.

Timofeeff-Ressovsky H A, Timofeeff-Ressovsky N W. 1926. Uber das phdinotypische manifestieren desgenotyps. II. Uber idiosomatische variationsgruppen bei Drosophila funebris. Roux Archiv fur Entwicklung-smechanik der Organismen, 108: 146-170.

Wang P, Lu R Q, Chen Y, et al. Hybrid. 2013. Modelling of the general middle-sized genetic regulatory networks. Proceedings of the 2013 IEEE International Symposium on Circuits and Systems. Beijing, China, USA: IEEE: 2103-2106.

Watson J D. 1970. The Molecular Biology of the Gene. New York: Keith Roberts Publisher.

Watson J D, Crick F H. 1953. Genetics significance of DNA structure. Nature, 171: 737.

Watson J D, Crick F H. 1953. Molecular structure of nucleic acids—a structure for deoxy ribose nucleic acid. Nature, 171: 737-738.

Werner E. 2003. In silico multicellular systems biology and minimal genomes. DDT, 8: 1121-1127.

Werner E. 2005. The future and limits of systems biology. Science's STKE: Signal Transduction Knowledge Environment, (278): 16.

Woese C R. 1967. The Genetic Code: The Molecular Basis for Genetic Expression. New York: Harper and Row.

Woodward. 2010. Causation in biology: Stability, specificity, and the choice of levels of explanation. Biology and Philosophy, 25 (3): 287-318.

后　记

　　能够从事生物学哲学的研究，缘于当时山西大学科学技术哲学研究中心从各个专业挑选本科生学习相应学科科学哲学的机制。也正是在这种情况下，我从原来的生物工程专业保送硕士研究生进入科学技术哲学专业学习。在这里，我有幸遇到了自己的恩师——郭贵春教授。本书正是在郭老师指导的博士学位论文基础上修改完成的。从硕士两年到博士四年，六年的时间里，郭老师给了我无尽的关怀与帮助。从文章的选题，到基本思路的形成、框架的确定、部分内容的发表甚至文字与标点符号的修改，都倾注了郭老师的心血与汗水。在整个写作过程中，每一次遇到困难与问题时，都是凭借着郭老师开放的观念与精准的建议，才使得自己又重新前进。书稿的基本思想源自郭老师一直以来主张的语境论，而研究的方法也离不开郭老师之前对语义分析方法研究的成果。总而言之，书稿中处处充满了郭老师的教诲与心血。除此之外，郭老师在生活中也给了我很大的关怀。导师的恩情，怎么言说都表达不尽。值此书稿出版之际首先将最诚挚的谢意献给我的恩师。

　　其次，要感谢山西大学科学技术哲学研究中心这些年对我的培养。论文中取得的成绩与中心的研究平台及研究团队的精神是分不开的。尤其要感谢殷杰教授在写作中期对我的指导，他就语义的分析，为整个框架的确立及后期的写作都产生了很大的帮助。同时，也正是在殷杰教授的鼓励与帮助下，才促成了本书的最终出版。此外，肖显静教授、赵万里教授、魏屹东教授、王姝彦教授等也对本书的内容提出了许多宝贵的建议。

感谢赵斌副教授及邹聪女士为本书的出版所付出的辛苦；感谢宋晋凯一直以来对我生活与工作方面的关心与帮助；感谢给予我百般理解和万分支持的父母；感谢给予我无微不至关怀的妻子郝睿。

本书是我从事生物学哲学研究短短八年的一些体会，即使在出版之际，仍觉自己才疏学浅，许多道理讲不透彻。因此，书中定会存在许多疏漏与不足之处，还望各位读者批评指正。

杨维恒
2017 年 4 月